21 世纪高校计算机应用技术系列规划教材

丛书主编 谭浩强

Flash 动画制作（第二版）（Flash 8）

殷 虹 郝 琨 刘东明 刘 卉 编著

U0146755

中国铁道出版社

CHINA RAILWAY PUBLISHING HOUSE

内 容 简 介

本书由浅入深、循序渐进，通过实例操作的方式介绍了动画制作软件 Flash 的操作方法和动画制作技巧。全书共分 11 章，分别介绍了 Flash 应用基础、Flash 图形的创建与编辑、Flash 动画基础知识、Flash 文本操作、导入图形图像和视频、创建动画、合成声音、交互式动画基础知识、创建交互式动画、输出和发布动画等，最后还通过一些综合实例来拓宽读者的思路。

本书内容全面、条理清晰、通俗易懂，并附有大量实例。本书章节编排是按照一般读者的学习进程安排的，从易到难，从简单到复杂，从基础到综合，以适合广大读者的学习需要。

本书适合作为高等学校应用型本科的学生学习 Flash 动画制作的教材，亦可供高职高专、成人高考和在职人员培训使用。

图书在版编目（CIP）数据

Flash 动画制作 / 殷虹等编著. —2 版. —北京：中国铁道出版社，2009.1

21 世纪高校计算机应用技术规划教材. 高职高专系列

ISBN 978-7-113-09603-8

Ⅰ.F… Ⅱ.殷… Ⅲ.动画－设计－图形软件，Flash－高等学校：技术学校－教材 Ⅳ.TP391.41

中国版本图书馆 CIP 数据核字（2009）第 005613 号

书　　名：Flash 动画制作（第二版）（Flash 8）	
作　　者：殷　虹　郝　琨　刘东明　刘　卉　编著	
策划编辑：秦绪好	编辑部电话：（010）63583215
责任编辑：秦绪好	编辑助理：徐盼欣　侯　颖
封面制作：白　雪	
责任印制：李　佳	

出版发行：中国铁道出版社（北京市宣武区右安门西街 8 号　邮政编码：100054）

印　　刷：河北省遵化市胶印厂

版　　次：2009 年 1 月第 2 版　　2009 年 1 月第 1 次印刷

开　　本：787mm×1092mm　1/16　印张：14.5　字数：328 千

印　　数：5 000 册

书　　号：ISBN 978-7-113-09603-8/TP · 3143

定　　价：23.00 元

21 世纪是信息技术高度发展且得到广泛应用的时代，信息技术从多方面改变着人们的生活、工作和思维方式。每一个人都应当学习信息技术，应用信息技术。人们平常所说的计算机教育其内涵实际上已经发展为信息技术教育，内容主要包括计算机和网络的基本知识及应用。

对多数人来说，学习计算机是为了利用这个现代化工具进行工作或处理面临的各种问题，使自己能够跟上时代前进的步伐，同时在学习过程中努力培养自己的信息素养，使自己具有信息时代所要求的科学素质，站在信息技术发展和应用的前列，推动我国信息技术的发展。

学习计算机课程有两种不同的方法：一是从理论入手；一是从实际应用入手。不同的人有不同的学习内容和学习方法。大学生中的多数人将来是各行各业中的计算机应用人才，对他们来说，不仅需要"知道什么"，更重要的是"会做什么"。因此，在学习过程中要以应用为目的，注重培养应用能力，大力加强实践环节，激励创新意识。

根据实际教学的需要，我们组织编写了这套"21 世纪高校计算机应用技术系列规划教材"。顾名思义，这套教材的特点是突出应用技术，面向实际应用。在选材上，根据实际应用的需要决定内容的取舍，坚决舍弃那些现在用不到、将来也用不到的内容。在叙述方法上，采取"提出问题—解决问题—归纳分析"的三部曲，这种从实际到理论、从具体到抽象、从个别到一般的方法，符合人们的认知规律，且在实践过程中已取得了很好的效果。

本套教材采取模块化的结构，根据需要确定一批书目，提供了一个课程菜单供各校选用，以后可根据信息技术的发展和教学的需要，不断地补充和调整。我们的指导思想是面向实际、面向应用、面向对象。只有这样，才能比较灵活地满足不同学校、不同专业的需要。在此，希望各校的老师把你们的要求反映给我们，我们将会尽最大努力满足大家的要求。

本套教材可以作为大学计算机应用技术课程的教材以及高职高专、成人高校和面向社会的培训班的教材，也可作为学习计算机的自学教材。

由于全国各地区、各高等院校的情况不同，因此需要有不同特点的教材以满足不同学校、不同专业教学的需要，尤其是高职高专教育发展迅速，不能照搬普通高校的教材和教学方法，必须要针对它们的特点组织教材和教学。因此，我们在原有基础上，对这套教材作了进一步的规划。

本套教材包括以下五个系列：

- 基础教育系列

- 高职高专系列

- 实训教程系列

- 案例汇编系列

- 试题汇编系列

其中，基础教育系列是面向应用型高校的教材，对象是普通高校的应用型专业的本科学生。高职高专系列是面向两年制或三年制的高职高专院校的学生，突出实用技术和应用技能，不涉及过多的理论和概念，强调实践环节，学以致用。后面三个系列是辅助性的教材和参考书，可供应用型本科和高职学生选用。

本套教材自 2003 年出版以来，已出版了 70 多种，受到了许多高校师生的欢迎，其中有多种教材被国家教育部评为**普通高等教育"十一五"国家级规划教材**。《计算机应用基础》一书出版三年内发行了 45 万册，这表示读者和社会对本系列教材的充分肯定，对我们是有力的鞭策。

本套教材由浩强创作室与中国铁道出版社共同策划，选择有丰富教学经验的普通高校老师和高职高专院校的老师编写。中国铁道出版社以很高的热情和效率组织了这套教材的出版工作。在组织编写及出版的过程中，得到全国高等院校计算机基础教育研究会和各高等院校老师的热情鼓励和支持，对此谨表衷心的感谢。

本套教材如有不足之处，请各位专家、老师和广大读者不吝指正。希望通过本套教材的不断完善和出版，为我国计算机教育事业的发展和人才培养做出更大贡献。

全国高等院校计算机基础教育研究会会长
"21 世纪高校计算机应用技术系列规划教材"丛书主编
谭浩强

第二版前言

FOREWORD

近年来，随着 Internet 的日益盛行，越来越多的公司、单位及个人开始拥有自己的网站，更方便地制作、处理网页图像和动画成为人们的迫切需要。为了适应网络时代人们对网页动画处理软件的要求，Macromedia 公司推出了专业化网页动画制作软件 Flash，它广泛地应用于美术设计、网页制作、多媒体软件及教学光盘等诸多领域。但目前的大多数教材有的解说 Flash 动画制作理论过多，而有的只注意动画制作创意和技巧的提高，不符合学习规律。

2005 年 8 月，我们出版了《Flash 动画制作（MX 2004 中文版）》一书，面世后受到了广大读者的欢迎，多次重印。但是随着计算机技术的迅猛发展，三年来，相关的软件、硬件升级很快，因此在广大读者的要求下，我们对此书进行了修订。本次修订，除基本保持原书的结构外，其内容作了重要更新。本次修订更新了软件版本，并在此基础上修改了第一版的主要内容，更新并增加了许多实例。

本书的特点是内容全面、条理清晰、通俗易懂并附有大量实例。本书章节编排将按照一般读者的学习进程安排，从易到难、从简单到复杂、从基础到综合。根据初学者的需要，从实用角度出发以循序渐进的方式，由浅入深地全面介绍了 Flash 的基本操作和功能。全书将分为 11 章，各章的具体内容如下：第 1 章概述 Flash 的使用界面、常用面板及相关术语；第 2 章介绍 Flash 的各种绘图工具及如何使用工具绘制和编辑图形；第 3 章全面介绍图层、帧、元件、实例、库及场景的各种操作；第 4 章介绍如何利用 Flash 进行文本操作；第 5 章介绍如何导入图形图像和视频；第 6 章介绍创建各种动画的方法步骤；第 7 章介绍动画中声音的导入及合成；第 8 章全面介绍关于交互式动画的基础知识；第 9 章详细介绍创建交互式动画的方法步骤；第 10 章介绍 Flash 动画的输出和发布；第 11 章是综合实例。读者只要多上机操作，认真完成书中的每一个练习，就能熟练掌握利用 Flash 进行动画制作的方法及相关技巧。

书中的每个实例都是精心挑选的，读者学会其中的某一个实例，就可以掌握该类设计方法。读者可以通过实例训练，做到举一反三。

本书第 1 章、第 2 章由殷虹编写，第 3 章由殷虹、郝琨编写，第 4~6 章由郝琨编写，第 7 章、第 8 章由刘卉编写，第 9~11 章由刘东明编写。全书由殷虹负责组织并统稿。

在本书的编写中，全国计算机教育研究会理事长谭浩强教授给予了细致的指导，提出了很多中肯的意见，在此表示衷心的感谢。同时，感谢浩强工作室的秦建中老师及中国铁道出版社领导和编辑给予的大力支持。本书在编写的过程中，还得到了郝评、史玉琢、张泉、李小明、范金玉、张国栋、赵慧文等同志的热心帮助，张家源、李昱、赵学义等参与了本书的编排工作，在此一并表示衷心感谢。

限于作者水平，书中的不足和疏漏之处在所难免，恳请读者给予批评指正。

编者
2008 年 11 月

第一版前言

FOREWORD

近年来，随着 Internet 的日益盛行，越来越多的公司、单位及个人开始拥有自己的网站，更方便地制作、处理网页图像和动画成为人们的迫切需要。为了适应网络时代人们对网页动画处理软件的要求，Macromedia 公司推出了专业化网页动画制作软件 Flash MX 2004，它广泛地应用于美术设计、网页制作、多媒体软件及教学光盘等诸多领域。

本书特点是内容全面、条理清晰、通俗易懂并附有大量实例。本书章节编排是按照一般读者的学习进程安排的，从易到难、从简单到复杂、从基础到综合。根据初学者的需要，从实用角度出发以循序渐进的方式，由浅入深地全面介绍了 Flash MX 2004 中文版的基本操作和功能。全书共分 11 章，各章的具体内容如下：第 1 章概述 Flash MX 2004 的使用界面、常用面板及相关术语；第 2 章介绍 Flash MX 2004 的各种绘图工具及如何使用工具绘制和编辑图形；第 3 章全面介绍图层、帧、元件、实例、库及场景的各种操作；第 4 章介绍如何利用 Flash MX 2004 进行文本操作；第 5 章介绍如何导入图形图像和视频；第 6 章介绍创建各种动画的方法步骤；第 7 章介绍动画中声音的导入及合成；第 8 章全面介绍关于交互式动画基础知识；第 9 章详细介绍创建交互式动画的方法步骤；第 10 章介绍 Flash MX 2004 动画的输出和发布；第 11 章是 3 个综合实例。读者只要多上机操作，认真完成书中的每一个练习，就能熟练掌握利用 Flash 进行动画制作的技巧。

书中的每个实例都是精心挑选的，读者学习其中的某一个实例，就可以掌握一类设计方法。用户可以通过实例训练自己，做到举一反三。

本书第 1 章、第 2 章由殷虹编写，第 3 章由殷虹、郝琨编写，第 4 章~第 6 章由郝琨编写，第 7 章、第 8 章由刘卉编写，第 9 章~第 11 章由刘东明编写。全书由殷虹负责组织并统稿。

在本书的编写中，全国计算机教育研究会会长谭浩强教授给予了细致的指导，提出了很多中肯的意见，在此表示衷心的感谢。同时感谢浩强创作室的秦建中老师及中国铁道出版社的崔晓静编辑、秦绪好编辑给予的大力支持。

本书在编写的过程中，还得到了郝评、史玉琢、张泉、李小明、范金玉、张国栋、赵慧文等同志的热心帮助，张家源、李昱、赵学义等参与了本书的编排工作。在此一并表示衷心感谢。

限于编者水平，书中的不足和疏漏之处在所难免，恳请读者给予批评指正。同时，我们也会在适当的时间进行修订和补充，并发布在天勤网站：http://www.tqbooks.net "图书修订" 栏目中。

为了便于教学，请选用本教材的老师向中国铁道出版社索取电子教案。

联系电话：010-51873145 　010-83529867

E-mail:tdedu@163.com

联系人：刘娜

编　者

2005 年 6 月

目录

第 *1* 章 ┃ Flash 应用基础

学习目标

- ☑ 了解 Flash 8 的功能特点
- ☑ 熟悉 Flash 8 的工作界面
- ☑ 掌握 Flash 8 的基本操作
- ☑ 了解制作 Flash 动画的一般步骤

1.1 初识 Flash 8

Flash 是由 Adobe 公司出品的用于矢量图编辑和动画创作的专业软件。Flash 软件主要用于动画制作，使用该软件可以制作出网页交互式动画。

Flash 还广泛应用于多媒体领域，如交互式软件开发、产品展示等多个方面。在 Director 及 Authorware 中，都可以导入 Flash 动画。随着 Flash 的广泛使用，出现了许多完全使用 Flash 制作的多媒体作品。由于 Flash 具有支持交互、文件体积小等特性，并且不需要媒体播放器之类软件的支持，因此这样的多媒体作品取得了很好的效果，应用范围不断扩大。

Flash 8 有两个版本，分别为 Flash Basic 8 和 Flash Professional 8。前者面向 Web 设计人员、交互式媒体专业人员等专业设计者；后者面向高级 Web 设计人员和应用程序构建人员等专业开发者。本书介绍 Flash Professional 8。

1.1.1 Flash 使用界面

正确安装 Flash 8 之后，启动 Flash 8，出现主界面，如图 1–1 所示。主界面大致分为标题栏、菜单栏、工具箱、编辑区、时间轴、帧操作区、图层操作区和各种面板。

1. 标题栏

用于显示软件的图标和名称、Flash 文档的名称。

2. 菜单栏

包含 Flash 8 中所有的命令和方法，借此，用户可以非常轻松地制作出精彩的动画。

3．图层、帧

动画播放中的基本单位是帧，而动画结构是以图层为基本单位的，一个精彩的动画往往需要多个图层。

4．时间轴

在时间轴中显示动画的运行过程及不同图层之间的关系。

5．"常用"工具栏

"常用"工具栏中各按钮的功能和 Windows 程序中"常用"工具栏中按钮的功能相同，可进行快速创建新文档及打开、保存、打印、剪切、复制、粘贴、撤销、重做、紧贴至对象、平滑、伸直、旋转与倾斜、缩放和对齐操作。

如果用户的操作界面中没有显示该工具栏，可在菜单栏中选择"窗口"→"工具"→"主工具栏"命令，将工具栏显示在操作界面中，并可在工具栏中没有按钮的地方单击选中工具栏后拖动鼠标，将其放置于操作界面的其他位置。

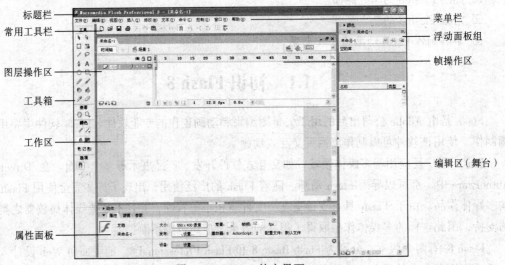

图 1-1   Flash 8 的主界面

6．编辑区（舞台）和工作区

编辑区又称舞台，是绘制图形和编辑动画的区域。舞台有大小、色彩等的设置。工作区是舞台周围的灰色区域，用户可以将暂时不用的图形、位图和元件等放在该区域，还可以将该区域作为动画的开始和终止位置。

用户在 Flash 中创建的动画，只有位于舞台中才可以最终显示出来。用户也可以调整舞台的显示比例和位置，以更好地编辑动画。

7．"属性"面板

"属性"面板显示了舞台或时间轴中当前选中对象的常用属性，并允许用户对这些被选中对象的属性进行修改。随着选中对象的不同，"属性"面板的内容也不同。例如，当用户选中舞台中的一个矢量图形对象时，"属性"面板中将出现这幅矢量图形的相应属性。如果用户选择的是时间轴中的帧，它就会变成帧的相应属性。

8. 工具箱

工具箱中的各种工具用于绘制、定型、编辑、填充图形。

9. 浮动面板组

对于一些不能在"属性"面板中显示的功能面板，Flash 将它们组合到一起并置于操作界面的右侧。用户可以同时打开多个面板，也可以关闭暂时用不到的面板。

1.1.2　有关术语

下面介绍使用 Flash 会遇到的一些基本术语和概念。

1. 位图

位图图像也称栅格图像。位图图像用小方形网格即像素来代表图像，每个像素都被分配一个特定位置和颜色值。可以将位图图像理解为由很多点组成的图像，比如 800×600 的位图就是由 800×600 个显示点组成。这些点称为像素，每个像素只能显示一种颜色。而可以显示的颜色种类由保存位图的色彩深度决定。色彩深度越高，可以显示的颜色就越多，整幅图像的色彩也就越丰富。相应地，对于人们的视觉而言，也就越好看。

位图有下面一些特点：

- 对于高分辨率彩色图像，位图所需的存储空间较大。
- 像素之间相互独立。

位图图像与分辨率有关，换句话说，它包含固定数量的像素，代表图像数据。因此，如果在屏幕上以较大的倍数放大显示或以过低的分辨率打印，位图图像会出现锯齿边缘，且会遗漏细节。另外，由于网络速度、带宽的限制，位图一般很难在网络上广泛应用。但在表现阴影和色彩（如在照片或绘画图像中）的细微变化方面，位图图像是最佳选择。

2. 矢量图

矢量图是由数学对象所定义的直线和曲线组成的。矢量根据图形的几何特性对其进行描述，可以将矢量图理解为由线条和图块组成的图像，图像中保存的是这些线条和图块的信息。例如，矢量图中的卡通人物是由数学定义的曲线组成的，这个曲线由许多直线组成，放在特定位置并填充特定的颜色。移动、缩放卡通人物不会降低图形的品质。矢量图与分辨率无关，将它缩放到任意大小和以任意分辨率在输出设备上打印出来，都不会遗漏细节或降低清晰度。

矢量图有下面一些特点：

- 文件的大小与图像大小无关，只与图像的复杂程度有关，因此简单的图像所占的存储空间较小。
- 图像大小可以无限缩放，不会产生锯齿模糊效果。

正是由于它的这些特点，矢量图在图形、网络上得到了广泛应用。利用 Flash 绘制出的图形均为矢量图形，但 Flash 也支持位图图像的导入。

3. 结构

在 Flash 中定义了以下几种结构：

- 影片（Movie）：影片是 Flash 中的最高一级结构，当打开 Flash 开始制作的时候，实际上即开始影片的制作过程。
- 场景（Scene）：影片由场景组成。每个场景的对象可能都是不同的。不同的场景有不同的背景和不同的动画。多个场景中的动作组合成一个连贯的影片。开始编辑影片时，都是在第一个场景"场景 1"中开始的，场景的数量没有限制。
- 图层（Layer）：图层组成了场景，它可以看成是叠放在一起的透明的胶片，如果层上没有任何东西，就可以透过它直接看到下一层。可以根据需要，在不同层上编辑不同的动画而互不影响，并在放映时得到合成的效果。要制作出精彩的动画，画面的内容要十分丰富，所以需要有很多图层。一个图层只能拥有一个时间轴（Timeline），如果要实现不同的物体在不同时间做不同的运动效果，则一个图层是实现不了的。
- 帧（Frame）：帧组成了图层。在帧操作区中，可以看到帧在时间轴上有序地排列。每帧表示动画在该时间位置上的状态。按【F5】键可在时间轴上插入一个帧。
- 关键帧（KeyFrame）：关键帧是指动画制作时的关键画面，用于定义动画中关键的变化，在时间轴上用黑色实心的小黑点表示。Flash 可以按照给定的动作方式，自动创建两个关键帧之间的变化过程，这使动画的制作变得十分简单。例如，在制作一个动作时，可以将一个开始动作状态和一个结束动作状态分别用关键帧表示，然后在 Flash 中设置动作方式，就可以制作出一个连续动作的动画。按【F6】键可以插入一个关键帧。
- 空白关键帧（BlankKeyFrame）：空白关键帧指没有任何内容的关键帧，在编辑区中看不到任何的动画元素。Flash 中没有任何记号表示空白关键帧。如果空白关键帧因为被加入内容而变为非空，空白关键帧就变成了关键帧，在时间轴的表示上也会出现实心的小黑点。

4. 元件

使用 Flash 制作出来的动画文件之所以很小，其中很重要的一个原因就是在 Flash 中引用了元件的概念。元件是可以被不断重复使用的一种特殊对象。一般来说，建立一个 Flash 动画之前，先要规划好需要调用的元件，以便在实际制作过程中随时使用。此外，也可以从其他作品中导入元件。元件种类如下：

- 图形元件（Graphic）：可重复使用的图片。
- 按钮元件（Button）：在 Flash 中，所有的按钮都是元件。
- 影片剪辑（Movie Clip）：一段小影片变成影片剪辑元件后，即可以随时播放。

5. 实例

当一个元件放到舞台或另一个元件中时，就创建了一个元件的实例，实例是元件的实际应用。可以对实例进行修改而不影响元件。但是如果修改元件，那么舞台中的相应实例就会全部做出相应的修改。元件的运用可以缩小文档的尺寸，因为不管创建了多少实例，Flash 在文档中只保存一份副本。同样，运用元件可以加快动画播放的速度。

6. 动作

- 运动（Motion）：在 Flash 的动画效果中，Motion（运动）可使物体坐标简单地移动。例如，一个物体沿着固定的轨迹运动。

- 变形（Shape）：只要在两个关键帧中放置不同的图片，Shape（变形）效果即会自动计算中间的变化。

7．动作脚本

ActionScript 是 Flash 的脚本语言。与 JavaScript 相似，ActionScript 是一种面向对象的编程语言。Flash 中可使用 ActionScript 给影片增加交互性。在简单的影片中，Flash 按顺序播放电影中的场景和帧，而在交互影片中，用户可以使用键盘或鼠标与影片进行交互。

例如，可以单击影片中的按钮，然后跳转到影片中的不同部分继续播放。使用 ActionScript 可以控制 Flash 动画中的对象、创建导航元素和交互元素，从而扩展 Flash 创作交互电影和网络应用的能力。

1.1.3　Flash 常用面板

面板是 Flash 中最重要的组成部分，在制作动画过程中，要经常用到各种面板。下面对 Flash 常用的几种面板做简要介绍。

1．"混色器"面板

"混色器"面板供用户非常方便地选择需要的颜色，如图 1-2 所示。在调色板不同处单击即可以选择不同的颜色；单击"红"、"绿"、"蓝"下拉按钮，弹出颜色值滑块，拖动滑块即可精确地调整颜色值。

该面板中的 Alpha 项用于设置颜色的透明度，Alpha 值为 100%，表示完全不透明；Alpha 值为 0%，表示完全透明。在"类型"下拉列表框中可以选择不同的填充方式，包括纯色、线性、放射状和位图。

2．"颜色样本"面板

该面板分为上、下两部分，如图 1-3 所示。上半部分是单色彩样本，下半部分是渐变色彩样本，在制作过程中可以根据需要选择颜色样本。使用"混色器"面板选项菜单中的"添加样本"命令，可以添加颜色样本。

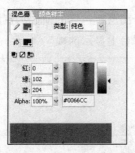　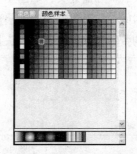

图 1-2　"混色器"面板　　　　图 1-3　"颜色样本"面板

3．"属性"面板

当用户选中某一个对象时，"属性"面板就会显示出与该对象相关的属性，如图 1-4 所示。如果要修改对象的属性，可以在该面板上直接对其进行修改，方便快捷。

图 1-4　"属性"面板

4."库"面板

"库"面板是存放元件的地方，如图 1-5 所示。它还用于存储和组织导入的文件，包括位图图形、声音文件和视频剪辑。可以在"库"面板中建立文件对元件进行管理。

5."公用库"面板

"公用库"中的主要面板如图 1-6 所示。公用库与库的功能类似，都是为影片提供元件。之所以称其为公用，是因为库中集中了一些常用的元件。用户可以定制自己的公用库。

图 1-5　"库"面板　　　　　　　图 1-6　"公用库"面板

6."时间轴"面板

"时间轴"面板用于组织和控制内容在一定时间内播放的图层数和帧数。与影片胶片一样，Flash 将时长分为帧，图层就像层叠在一起的幻灯胶片一样，每个图层都包含不同的图像。时间轴的主要组件是图层、帧和播放头，如图 1-7 所示。

图层位于"时间轴"面板左侧的图层窗格中，每个图层所包含的帧显示在该图层右侧的一行中，时间轴标尺的数字为帧编号，播放头指示当前在舞台上显示的帧。

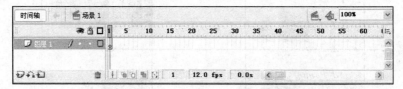

图 1-7　"时间轴"面板

时间轴状态显示在"时间轴"面板的底部，它指示当前帧的编号、帧频以及到该帧为止的运行时间。

7."动作"面板

利用"动作"面板可以为对象和帧添加脚本，创作出具有交互性的动画，如图 1-8 所示。Flash 动画的交互性都是通过脚本来实现的。

8."行为"面板

"行为"面板的功能也是为影片增加交互信息,如图 1-9 所示。与"动作"面板不同的是,使用"行为"面板不需要编写复杂的脚本,但是使用"行为"面板所能实现的功能很少。

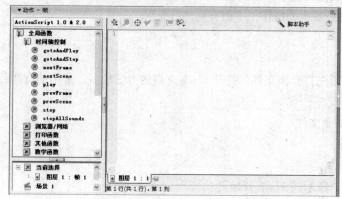

图 1-8　"动作"面板　　　　　　　　　　　图 1-9　"行为"面板

9."组件"面板

"组件"是带有参数的影片剪辑,主要用于制作用户交互界面。在"组件"面板中提供了一些常用的组件,如图 1-10 所示。用户可以随意修改组件的外观和行为。组件既可以是简单的用户控件,如单选按钮或复选框,也可以包含内容,如滚动窗格;组件还可以是不可视的,如允许用户控制应用程序中接收焦点对象的 FocusManager 组件。用户在使用组件时,不必创建自定义按钮、组合框和列表,将这些组件从"组件"面板拖到应用程序中即可为应用程序添加相应功能,从而构建复杂影片。通过组件用户可以重复利用代码,重复利用自己创建的组件中的代码,也可以通过下载并安装其他开发人员创建的组件来重复利用别人的代码。

10."场景"面板

在 Flash 中,演出的舞台只有一个,但是在演出的过程中,可以更换不同的场景。Flash 制作的动画影片是由一个或多个场景组成的,每个场景又由许多图层和帧构成,可以利用不同的场景来组织不同的主题内容。例如,可以使用不同的场景分别显示片头字幕、封面、主题内容、片尾字幕等。

当发布包含多个场景的 Flash 动画影片时,其中的场景将按照它们在图 1-11 所示的"场景"面板中显示的顺序进行播放,它的帧都是按场景顺序编号的。例如,如果动画影片包含两个场景,每个场景有 10 帧,则场景 1 中帧的编号为 1~10,而场景 2 中帧的编号则为 11~20,播放完场景 1 的内容后继续播放场景 2 的内容。

图 1-10　"组件"面板　　　　　　　　　　图 1-11　"场景"面板

1.2　Flash 文件操作

Flash 文件操作可以看做创建动画的基本操作，包括动画文件的打开、保存、关闭等。Flash 文件的创建、导入、存储和打印是最基本的操作，下面分别进行介绍。

1.2.1　打开文件

要想编辑 Flash 动画文件，必须先打开该文件。打开 Flash 文档的方法较多，常用的有两种。下面分别加以说明。

【操作实例 1】从开始页打开动画文件。

目标：从开始页打开动画文件。

操作过程：

（1）启动 Flash 8，显示图 1-12 所示的 Flash 开始页。

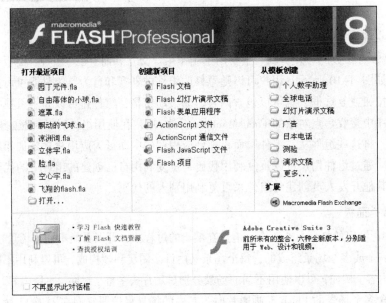

图 1-12　Flash 8 的开始页

（2）最近编辑过的文档显示在开始页中，单击要打开的文件，即可打开该文件。

【操作实例 2】从菜单打开动画文件。

目标：从菜单打开动画文件。

操作过程：

（1）选择"文件"→"打开"命令，打开"打开"对话框，如图 1-13 所示。

（2）"打开"对话框与其他的 Windows 应用程序类似，包括"查找范围"下拉列表框、导航与视图按钮、"文件名"文本框以及"文件类型"下拉列表框等。用户在"文件名"文本框中输入需要打开的文件，并单击"打开"按钮，即可打开该文件。

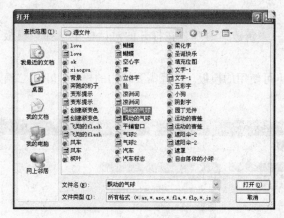

图 1-13　"打开"对话框

1.2.2　新建文件

创建新的动画文件，有以下 3 种方法：

【操作实例 3】 基于开始页新建动画文件。

目标：直接新建动画文件。

操作过程：

启动 Flash，显示图 1-12 所示的 Flash 开始页，单击"创建新项目"选项组中的"Flash 文档"选项即可新建一个 Flash 文档。

【操作实例 4】 从菜单栏新建动画文件。

目标：利用菜单栏新建动画文件。

操作过程：

（1）如果 Flash 已经启动，要创建新动画，可以选择"文件"→"新建"命令，打开图 1-14 所示的"新建文档"对话框。

（2）在该对话框中选择"Flash 文档"选项，单击"确定"按钮即可创建一个 Flash 文档。

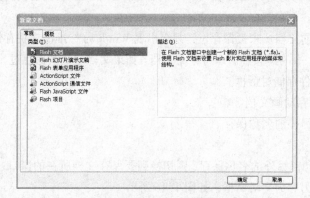

图 1-14　"新建文档"对话框

【操作实例 5】 基于模板新建动画文件。

目标：利用模板新建动画文件。

操作过程：

（1）选择"文件"→"新建"命令，在打开的对话框中选择"模板"选项卡，如图 1-15 所示。

（2）该选项卡显示出可使用的模板。选择需要使用的模板，单击"确定"按钮，即可基于模板创建新文档。

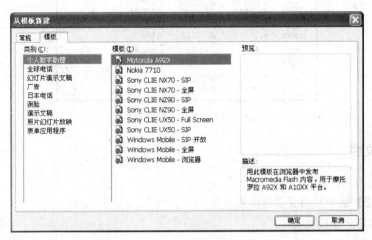

图 1-15　"从模板新建"对话框

1.2.3　保存文件

在 Flash 8 中，常用的保存文档的方式有 4 种，分别为保存、另存为、保存并压缩和另存为模板。下面分别加以说明。

【操作实例 6】保存动画文件。

目标：直接保存动画文件。

操作过程：

（1）如果同时打开了多个 Flash 窗口，而只需保存某个文档，则切换到要保存文档所在的窗口，选择"文件"→"保存"命令。

（2）如果在此之前文档从未被保存过，则会出现 Windows 标准的文件存储对话框。选择路径并输入文件名，单击"保存"按钮，即可存储文档。如果文档已经被保存过，则会直接存储文档，不会出现 Windows 文件存储对话框。

【操作实例 7】另存动画文档。

目标：将文档以另外的名称保存。

操作过程：

（1）如果要将文档以另外的名称保存，则切换到要保存文档所在的窗口，选择"文件"→"另存为"命令，打开"另存为"对话框，如图 1-16 所示。

（2）在该对话框中选择保存文件的路径并在"文件名"文本框中输入新的文件名，然后在"保存类型"下拉列表框中选择保存的文件格式。

（3）单击"保存"按钮，即可将文档以不同的名称及格式保存。

【操作实例 8】保存并压缩动画文件。

目标：保存并压缩动画文件。

操作过程：

（1）如果要在保存文件的同时对其进行压缩，则选择"文件"→"保存并压缩"命令。

（2）选择路径并输入文件名，单击"保存"按钮，即可保存并压缩文件。压缩后的文档占用空间比较小，便于存储及传输。

【操作实例 9】将动画文件另存为模板。

目标：将动画文件保存为模板。

操作过程：

（1）如果要将动画文件保存为模板，则选择"文件"→"另存为模板"命令，打开"另存为模板"对话框，如图 1-17 所示。

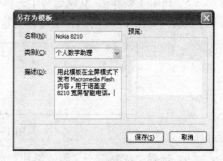

图 1-16 "另存为"对话框 　　　　　图 1-17 "另存为模板"对话框

（2）在"名称"文本框中输入文件名，在"类别"下拉列表框中选择文件保存的类别，在"描述"文本框中输入模板说明，最多为 255 个字符。

（3）单击"保存"按钮，即可将动画文件保存为模板。

1.3 制作 Flash 动画的简单实例

Flash 是一种既简单直观功能又强大的动画制作工具。利用它能够制作出交互性好、画面生动的动画影片。在 Flash 动画中可以创建补间动画与逐帧动画两种类型的动画。

1.3.1 制作 Flash 动画的一般过程

本节通过一个简单的实例介绍使用 Flash 创建动画的过程。

【操作实例 10】创建动画。

目标：将一个字母 G 变成一个杯子。

操作过程：

（1）启动 Flash 8，选择"文件"→"新建"命令，新建一个 Flash 文件。

（2）选择工具箱中的"文本工具"，在舞台的左下方拖动绘制出一个文本框。按【Ctrl+F3】组合键，打开"属性"面板，设置字体为 Times New Roman，字号为 60，颜色为紫色，如图 1-18 所示。

图 1-18　设置文本属性

（3）在绘制出的文本框中输入字母 G。

（4）选择"修改"→"分离"命令，将文本分离。

（5）单击第 20 帧，选择"插入"→"关键帧"命令，在第 20 帧中插入一个关键帧。

（6）单击第 20 帧，选择"文件"→"导入"命令，导入一幅"杯子"的图片，将图片移动到舞台的中央。

（7）选中该图片，选择"修改"→"分离"命令，将图片分离。

（8）在第 1 帧和第 20 帧这两个关键帧之间的任意一帧处单击，并在帧"属性"面板中设置补间为形状，如图 1-19 所示，就可以为这两个关键帧之间添加补间形状动画。

图 1-19　创建补间形状动画

（9）选择"控制"→"测试影片"命令，测试动画播放效果，此时可以看到字母 G 变成了一个杯子。

（10）选择"文件"→"保存"命令，保存文件。

1.3.2　制作一个简单的动画

在本小节中将制作一个简单实例"飘动的气球"。让用户学会创建一个简单动画的大致步骤，了解设置 Flash 场景、新建动画素材、创建动画效果、预览动画和保存动画的操作方法。

【操作实例 11】飘动的气球。

目标：该动画的效果是在播放动画时，首先看到"飘动的气球"窗口，单击窗口中的播放按钮后，可以看到一个气球在飘动。

操作过程：

（1）单击"开始"按钮打开"开始"菜单，选择"程序"→"Macromedia"→"Macromedia Flash Professional 8"命令，启动 Flash 8。

（2）选择"文件"→"新建"命令，新建一个 Flash 文档。

（3）选择"修改"→"文档"命令，打开"文档属性"
对话框，设置舞台宽度为 500px，高度为 350px，单击背景
色按钮，在弹出的调色板中选择浅蓝色，如图 1-20 所示。
设置完毕后，单击"确定"按钮。

（4）选择工具箱中的"文本工具"，在文档中拖动出一个文
本框并输入文字"飘动的气球"，然后在文本工具"属性"面板
中设置字体为华文新魏，字号为 45，颜色为黑色，并设置文字
为居中对齐，效果如图 1-21 所示。

图 1-20　　"文档属性"对话框

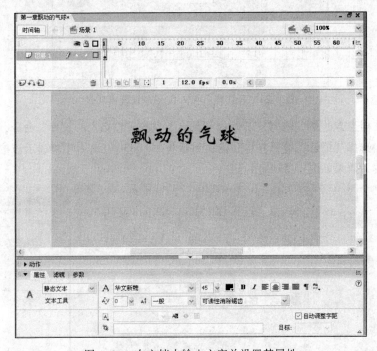

图 1-21　　在文档中输入文字并设置其属性

（5）接下来制作一个播放动画的按钮。选择"插入"→"新建元件"命令，打开图 1-22 所
示的"创建新元件"对话框。在"名称"文本框中输入"播放按钮"，在"行为"选项组中选择"按
钮"单选按钮，然后单击"确定"按钮进入按钮编辑模式。

（6）选择工具箱中的"矩形工具"，并在工具箱的"颜色"选项组中设置矩形工具的边框为黑
色，填充颜色为白色，如图 1-23 所示。然后，在文档中绘制一个矩形。

图 1-22　　"创建新元件"对话框

图 1-23　　"颜色"选项组

（7）选择工具箱中的"文本工具"，在播放动画的按钮上拖动出一个文本框并输入名称"播放"，
设置文字的字体为宋体，字号为 20，颜色为蓝色，效果如图 1-24 所示。

图 1-24　在按钮上输入文字并设置其属性

（8）单击文档上方的 场景1 按钮，返回到舞台。选择"窗口"→"库"命令，在"库"面板下方的列表框中选择"播放"符号并将其拖动到舞台中，此时在舞台中将显示该按钮。将按钮移动到合适的位置，效果如图 1-25 所示。

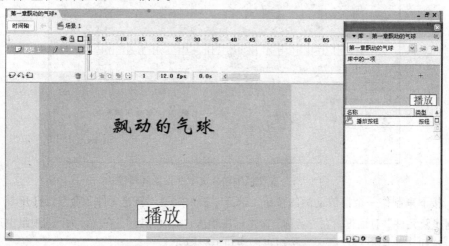

图 1-25　拖动"播放"按钮到舞台中

（9）选择"插入"→"场景"命令，在文档中新建一个场景。

（10）选择"插入"→"新建元件"命令，打开"创建新元件"对话框。在"名称"文本框中输入"气球"，在"行为"选项组中选择"图形"单选按钮，然后单击"确定"按钮进入编辑模式。

（11）选择工具箱中的"椭圆工具"，并在工具箱的"颜色"选项组中设置椭圆工具的边框为红色，填充色为红色，然后在文档中绘制一个椭圆图形。

（12）使用"铅笔工具"在椭圆的下方绘制一条曲线，铅笔工具选项为"平滑"，笔触颜色为蓝色，如图 1-26 所示。

图 1-26　设置铅笔工具选项

（13）使用"选择工具"选中椭圆和曲线，选择"修改"→"组合"命令，将两图形组合在一起，如图 1-27 所示。

（14）单击舞台上方的 █场景2 按钮，返回到舞台。选择"窗口"→"库"命令，在图 1-28 所示的"库"面板中选择"气球"元件并将其拖动到舞台中。此时在舞台中将显示该图形，将图形移动到场景中合适的位置。

图 1-27　气球图形元件

图 1-28　在"库"面板中选择气球元件

（15）接下来制作气球的飘动动画效果。在"时间轴"面板的第 20 帧处右击并选择"插入关键帧"命令，插入一个关键帧，然后将舞台中的气球向上移动一段距离，设置颜色的 Alpha 值为 70%，并使用"任意变形工具"▦改变气球的大小，如图 1-29 所示。

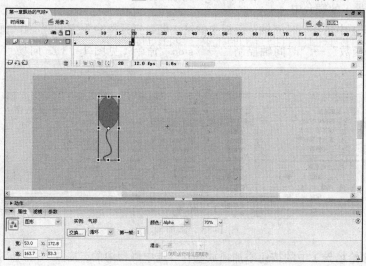

图 1-29　设置图形属性

（16）选择"时间轴"面板的第 40 帧，同样插入一个关键帧，然后将舞台中第 20 帧处的气球再向上移动一段距离，并改变气球的大小，设置气球的 Alpha 值为 40%。时间轴效果如图 1-30 所示。

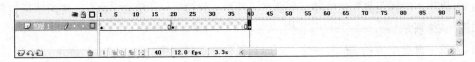

图 1-30　时间轴效果

（17）选择"时间轴"面板中的第 1 帧，打开帧"属性"面板，在"补间"下拉列表框中选择"动画"选项，在"缓动"文本框中输入数值"-50"，其他选项使用默认设置，如图 1-31 所示。

图 1-31　设置第 1 帧的帧属性

（18）使用同样的方法，选择"时间轴"面板中的第 20 帧，在帧"属性"面板的"补间"下拉列表框中选择"动画"选项，在"缓动"文本框中输入数值"-50"。此时在"时间轴"面板中将显示两条淡蓝色带箭头的时间段，如图 1-32 所示。

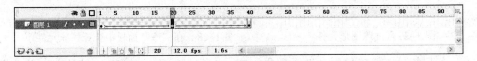

图 1-32　时间轴效果

（19）气球的飘动动画制作完毕后，单击舞台上方的 图标，在弹出的菜单中选择"场景 1"选项，返回到场景 1 的舞台中。

（20）在场景 1 中选择"时间轴"面板中的第 1 帧，打开舞台下方的"动作"面板。单击 按钮，选择"全局函数"→"时间轴控制"→"stop"命令（见图 1-33），向场景 1 中添加 stop()语句。

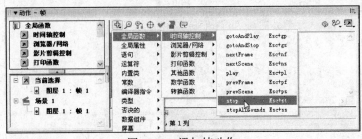

图 1-33　添加帧动作

（21）接下来给场景 1 中的按钮添加播放动作。选中舞台中的"播放"按钮，打开舞台下方的"动作"面板，单击 按钮，选择"全局函数"→"时间轴控制"→"play"命令，向场景 1 中添加 play()语句。

（22）此时，"飘动的气球"动画制作完毕。选择"控制"→"测试影片"命令，可以预览动画的效果。单击演示窗口中的"播放"按钮，将显示一段气球飘动的动画，如图 1-34 所示。

图 1-34　测试影片

（23）选择"文件"→"保存"命令，打开"另存为"对话框，在"保存在"下拉列表框中选择文件的保存位置，在"文件名"文本框中输入文件的名称。然后，单击"保存"按钮将文件保存为 FLA 格式。

1.4　上机操作综合指导

【上机操作指导 1】

操作要求：制作霓虹灯般五颜六色的闪烁文字。要求制作"硬"、"件"、"系"、"统" 4 个颜色为红、绿、蓝、黄的闪烁文字。

操作过程：

（1）新建一个文件，选择"文本工具"，在舞台的中央输入"硬件系统" 4 个字，在打开的文本"属性"面板中，设置它们的颜色为黑色，字体为隶书，大小为 85，效果如图 1-35 所示。

图 1-35　输入并设置文字

（2）选择"窗口"→"对齐"命令，打开"对齐"面板，单击该面板中的"相对于舞台"按钮，使以下的操作都针对整个场景，分别单击"水平中齐"和"垂直中齐"两个按钮，使文字处于工作区的中央。

（3）连续选择两次"修改"→"分离"命令将文字对象分离，如图 1-36 所示。

图 1-36　分离文字

（4）分别将"硬"、"件"、"系"、"统" 4 个字填上红、绿、蓝、黄 4 种颜色，如图 1-37 所示。注意，选择文字时，像"硬"、"件"、"系"、"统"这样分为几个部分的字要按住【Shift】键进行选择。

图 1-37　给文字上色

（5）在第 3 帧处插入关键帧，将每一个字换一种颜色。

（6）依此类推，在第 5 帧、第 7 帧和第 9 帧处插入关键帧并改变每一个字的颜色，然后选择"控制"→"测试影片"命令即可以看到闪烁的文字。

【上机操作指导 2】

操作要求：制作变字效果，变字效果就是在动画中一个字变成另一个字。要求制作一个倒计时牌。

操作过程：

（1）新建一个文件，在舞台的中央用"文本工具"输入"5"，设置颜色为黑色，大小为 85，效果如图 1-38 所示。

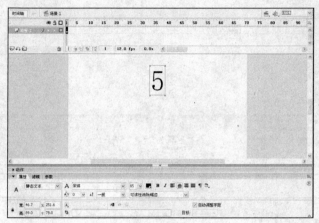

图 1-38　添加数字

（2）右击第 3 帧并选择"插入关键帧"命令，将第 3 帧设置为关键帧，在此帧处将"5"改为"4"，效果如图 1-39 所示。

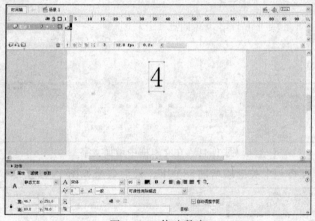

图 1-39　修改数字

（3）依此类推，分别将第 5 帧、第 7 帧、第 9 帧、第 11 帧设置为关键帧，并分别将数字改为3、2、1、0。

（4）选择"控制"→"测试影片"命令即可以看到变字的效果。

【上机操作指导 3】

操作要求： 制作一种模拟打字机打字的效果，如让"欢迎使用计算机系统结构教学课件"几个字一个接一个地跳出来。

操作过程：

（1）新建一个文件，用"文本工具"在工作区中央写一个"欢"字，将其字体设置为隶书，大小设置为 33，颜色设置为黑色，效果如图 1-40 所示。

（2）在第 2 帧处插入关键帧，将"欢"字改成"欢迎"两个字，效果如图 1-41 所示。

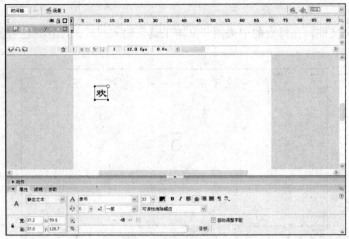

图 1-40　添加文字

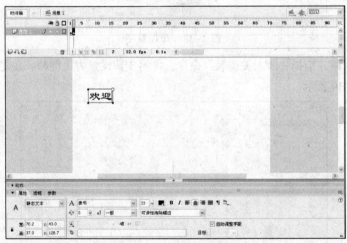

图 1-41　在文本框中增加文字

（3）依此类推，在每一个关键帧增加一个字，最后效果如图 1-42 所示。

图 1-42　完成文字的输入

（4）选择"控制"→"测试影片"命令，即可以看到类似打字机打字的效果。

小结与提高

- Flash 8 具有强大的交互功能，使用它可以创建按钮、多级弹出式菜单、复选框及交互式游戏等，可以使用户随心所欲地控制动画。
- 使用 Flash 8 制作的动画中的图形都为矢量图，因此将动画的播放界面放大或缩小，都不会影响动画的品质。
- Flash 8 支持流技术下载，克服了目前网络传输速度较慢的特点，并且允许用户一边下载一边观看动画，而不用等待将整个动画下载完后再观看。
- 在 Flash 8 中，用户可以将外部的音频和视频文件导入动画中，还可以根据需要对其进行编辑和加工处理，使其符合用户的实际需要。
- Flash 8 的工作方式为插件方式，任何安装有 Shockwave Flash 插件的网络用户，都可以通过网页观看 Flash 动画。

思考和练习

一、填空题

1. 使用"混色器"面板可以设置填充颜色为_____、_____、_____和_____。
2. 在 Flash 8 中，生成的动画文件主要有_____和_____两种格式。
3. Flash 8 菜单栏由_____、_____、_____、_____、_____、_____、_____、_____和_____菜单组成。
4. 利用 Flash，用户可以创建_____动画，也可创建_____动画。
5. 通过选择_____菜单中的各命令，可打开/关闭面板。

二、选择题

1. Flash 是（　　）公司推出的动画编辑软件。
   A. Microsoft　　　　　　B. Sun　　　　　　C. Macromedia　　　　D. Autodesk
2. 在 Flash 8 的时间轴中，主要包括（　　）部分。
   A. 图层、帧和播放头　　　　　　　　　　B. 图层、帧和帧标题
   C. 图层文件夹、图层和帧　　　　　　　　D. 图层文件夹、播放头、帧标题
3. 在 Flash 8 的开始页中，无法直接建立（　　）文件。
   A. Flash 文档　　　　　B. 幻灯片放映文件　　　C. GIF 文件　　　　　D. Flash 项目
4. 在 Flash 8 的（　　）面板中集成了多个常用面板集。这些面板集可根据用户当前所选工具及进行操作的不同而动态地改变。
   A. 库　　　　　　　　　B. 属性　　　　　　　C. 公用库　　　　　　D. 信息

三、判断题

1. Flash 8 中帧频的设置越大越好。　　　　　　　　　　　　　　　　　　　　（　　）
2. "属性"面板的内容随用户所选内容的不同而不同。　　　　　　　　　　　　（　　）

3. 要保存当前面板的布局，可选择"窗口"→"保存面板布局"菜单。　　　（　　）

4. SWF 文件是由 FLA 文件经过编辑后输出的成品文件，SWF 文件体积较大。　（　　）

5. 使用"选择工具"可以将文字变成矢量形状。　　　　　　　　　　　（　　）

四、问答题

1. Flash 8 有哪些主要功能？

2. 为什么使用 Flash 制作的动画放大多少倍都不会失真？

五、上机操作题

1. 执行以下文件操作。

（1）新建一个文件。

（2）将文件保存为"新.fla"。

（3）将文件另存为"更新.fla"。

（4）关闭程序。

2. 按照下面的要求设置 Flash 8 工作环境参数：设置操作步骤的"撤销级别"为 1500；设置在打开 Flash 8 时自动打开上次编辑过的文档；设置在编辑动作脚本时无代码提示功能；设置脚本代码的显示文本字体为宋体，字号为 15。

第 **2** 章 Flash 图形的创建与编辑

学习目标

☑ 了解绘图工具和填充工具的使用方法，并能使用这些工具绘制出 Flash 动画所需的舞台对象

☑ 了解对象编辑的常用方法

☑ 掌握对基本对象进行变形等操作

☑ 掌握创建特殊效果的图形

2.1 工 具 箱

Flash 8 提供了一些基本的图形绘制和编辑工具，利用它们可以创建规整和异形的矢量线和矢量色块，合理地利用这些基本工具可以创建许多丰富多彩的图形。同时，Flash 8 还提供了强大的图像编辑功能，可以对矢量图形进行各种变换。

Flash 所有的绘图工具都可以在菜单中找到，但是为了用户使用方便，Flash 中也有各种工具栏，工具栏可以分为标准工具栏、工具箱、状态工具栏和控制器工具栏。其中，工具箱中列举了 Flash 8 中的所有绘图工具，是 Flash 中最重要的制作工具，主要用来绘制图形或输入文字等。下面具体介绍工具箱中每一个工具的使用和设置，图 2-1 所示为 Flash 8 的工具箱。

1．选择工具

包括"选择工具"和"部分选取工具"，用于选定一层、一帧或一帧中的一个图形对象。"选择工具"的另一个功能是调整由 Flash 工具绘制的图形外形。

2．线条工具

用于绘制各种各样的线条。

3．套索工具

选定工具，利用"套索工具"可以在工作区中选定不规则的区域。

4．钢笔工具

用于绘制贝塞尔曲线。

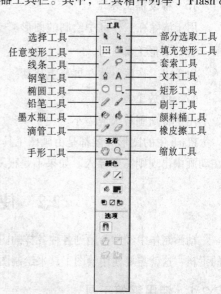

图 2-1　Flash 8 的工具箱

5．文本工具

用于在工作区中输入文本。

6．椭圆工具

用于绘制圆或椭圆。

7．矩形工具

用于绘制矩形或正方形。

8．铅笔工具

用于绘制线条、曲线及各种各样的图形。

9．刷子工具

和铅笔的功能一样，不过笔触较大。

10．任意变形工具

用于转动和缩放对象。

11．填充变形工具

用于移动和转动对象。

12．墨水瓶工具

用于修改由画图工具绘制出的图形的轮廓线的属性。

13．颜料桶工具

用于修改各种填充色。

14．滴管工具

用于修改颜料桶的填充色。

15．橡皮擦工具

用于清除在工作区中绘制的图形。

16．手形工具

用于将工作区整体在屏幕上移动。

17．缩放工具

用于将动画放大或缩小。

Flash 中的图形一般都是由画图工具和修改工具制作完成的，在其他软件中制作完成的图片要在动画中出现则需要导入。如果不是很复杂的形体，则可以在 Flash 中完成。

2.2　使用 Flash 绘制图形

动画制作中经常会用到各种各样的图形，但是在一般情况下，往往不能找到足够的、令人满意的素材，这就需要使用绘图工具来绘制图形。Flash 中提供的绘图工具可以绘制出丰富多彩的图形。

2.2.1　使用钢笔工具

"钢笔工具"可以绘制连续线条和贝塞尔曲线，且绘制后可以配合节点编辑工具加以修整。

选择"钢笔工具"后，将光标移到工作区内单击产生第一个节点，单击第一个节点后，还可以继续使用单击方式产生第二个节点，两点之间会有直线连接；如果想产生贝塞尔曲线，可以先按住鼠标左键并拖动鼠标，这样产生的线条就是曲线，继续单击第二点、第三点……即可获得连续线条或曲线。如果想结束一条连续线条或曲线，从另一个起点开始绘制，那么可在最后一个节点上双击，这样就可以开始绘制另一条连续线条或曲线。

如果想在某一条曲线上新增一个节点（直线无法新增节点），只需将光标移到曲线上，单击曲线的任何位置即可。相对地，若要删除一个节点，则将光标移到节点上，在该节点上单击即可。对绘制好的曲线可以打开"属性"面板对其样式、粗细与颜色进行修改。

【操作实例 1】使用"钢笔工具"绘制图形。

目标：学会使用"钢笔工具"绘制图形。

操作过程：

（1）选择"文件"→"新建"命令，建立一个新文档。

（2）选择工具箱中的"钢笔工具"。

（3）选择"窗口"→"属性"命令，打开"属性"面板，对钢笔的线形、线宽与颜色进行设置。

（4）在舞台上选择一个点并单击，可以看到在选择点处绘制出了一个点。

（5）在舞台上再选择一个点，如果在第二个点处单击，系统会在起点和第二个点之间绘制出一线条；如果在第二个点按下鼠标不放并拖动，在第一个点和第二个点之间将绘制出一条曲线，这两个点称为"锚点"。可以看到有一条经过第二个锚点并沿着鼠标拖动方向的线条，并且与两个锚点之间的曲线相切。释放鼠标后，绘制出一条曲线。

（6）选择第三个点，重复上面的步骤，就会在第二个点和第三个点之间绘制出一段曲线，这一段曲线不但与在第三个锚点处拖动的线条相切，也与在第二个锚点处拖动的线条相切。依此类推，直到曲线绘制完成。

（7）选择工具箱中的"钢笔工具"。如果要封闭曲线，则可以将鼠标放置在开始的锚点上，这时在光标上会出现一个小圆圈，单击就会形成一个封闭的曲线。

（8）绘制完成后，如果要将开放的曲线进行封闭，可以双击最后一个锚点。绘制曲线后还可以在曲线中添加、删除以及移动某些锚点。

2.2.2　使用线条工具

"线条工具"用于绘制各种不同倾角的直线。绘制直线时选择"线条工具"，先将光标移到起点位置，然后按住鼠标左键拖动出直线后，再释放鼠标即可。注意：拖动时按住【Shift】键可以绘制出水平、垂直或倾斜 45°的直线。

要设置线条的颜色、粗细与样式就需要打开"属性"面板，先选中直线，然后打开"属性"面板，如图 2-2 所示。可以按照图中的指示改变线条的属性。

图 2-2　直线工具"属性"面板

【操作实例 2】使用"线条工具"绘制图形。

目标：学会使用"线条工具"绘制图形。

操作过程：

（1）选择"文件"→"新建"命令，建立一个新文档。

（2）选择工具箱中的"线条工具"。

（3）选择"窗口"→"属性"命令，打开"属性"面板，对线形、线宽与颜色进行选择，如图 2-2 所示。

（4）在舞台中的某一个点单击，作为线条的起点，然后在按下的同时拖动到另一个点，释放鼠标，即可在两点之间绘制出一条直线。

2.2.3　使用铅笔工具

"铅笔工具"用于绘制直线或曲线。与"钢笔工具"不同的是，"铅笔工具"是用拖动的方式产生线条的，当只按住鼠标左键拖动时，可以产生直线或曲线，若先按住【Shift】键再按住鼠标左键拖动时，可以绘制出直线。

"铅笔工具"提供了 3 种模式来绘制曲线，在绘制曲线前单击铅笔模式按钮会出现一个下拉列表框，如图 2-3 所示，可以从中选择所需模式来绘制曲线。

【操作实例 3】使用"铅笔工具"绘制图形。

目标：学会使用"铅笔工具"绘制图形。

图 2-3　铅笔模式

操作过程：

（1）选择"文件"→"新建"命令，建立一个新文档。

（2）选择工具箱中的"铅笔工具"。在新建的舞台上拖动，舞台将显示鼠标的运动轨迹。

（3）选择"窗口"→"属性"命令，打开"属性"面板，对铅笔颜色和笔触大小以及线型进行选择。

（4）当激活"铅笔工具"后，在工具箱的选项区域中会出现一个选择铅笔模式的按钮，按下该按钮会出现一个下拉列表。

（5）选择"伸直"选项，用鼠标绘制出一个接近椭圆的曲线，释放鼠标时，该曲线会自动规整成一个椭圆。

（6）仍然回到选择铅笔模式，选择"平滑"选项，用鼠标绘制出一个接近梨子的曲线，释放鼠标时，系统会调整，使绘制出的图形边缘的棱角尽可能地消除，使矢量线更加光滑。

（7）仍然回到铅笔选择模式，选择"墨水"选项，用鼠标写几个字，查看效果。

2.2.4　使用椭圆工具

"椭圆工具"是图形、图像处理的常用工具。在前面介绍的铅笔工具中，可以知道利用铅笔工具也能绘制出椭圆。那么，这个椭圆工具是不是多余的呢？椭圆工具与铅笔工具的不同之处在于椭圆工具绘制出来的图形不仅包括矢量线，还能够在矢量线内部填充色块，用户可以根据具体的需要，取消矢量线内部的填充色块或外部的矢量线。

【操作实例 4】使用"椭圆工具"绘制图形。

目标：学会使用"椭圆工具"绘制图形。

操作过程：

（1）选择"文件"→"新建"命令，建立一个新文档。

（2）选择工具箱中的"椭圆工具"。

（3）选择"窗口"→"属性"命令，打开"属性"面板，对"椭圆工具"的边框属性进行设置。

（4）在舞台上拖动，确定椭圆的轮廓后释放鼠标，规定长度与宽度的椭圆矢量图形即显示在舞台中。

（5）如果在拖动鼠标时按住【Shift】键不放，则可绘制出正圆的矢量图形。采用不同线型以及不同颜色的线条，可绘制椭圆和正圆矢量图形。

2.2.5 使用矩形工具

"矩形工具"用于绘制矩形或正方形对象。按住鼠标左键拖动时，可以产生矩形对象，如果先按住【Shift】键再拖动，则会产生正方形对象。

同绘制圆形对象一样，在绘制矩形或正方形对象前，可以先从工具箱中设置矩形对象的线条颜色与填充颜色，若要设置线条粗细与样式，则要通过"属性"面板来设置。

矩形对象的 4 个角可以设置成不同弧度的圆角，这样就可以使矩形对象别具风格。只要在选择"矩形工具"后单击工具箱选项栏的 按钮，就会弹出如图 2-4 所示的"矩形设置"对话框，用来设置矩形对象 4 个角的弧度。在文本框中输入圆角的大小，值越大弧度越大、角越圆。

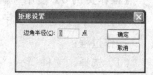

图 2-4 "矩形设置"对话框

【操作实例 5】使用"矩形工具"绘制图形。

目标：学会使用"矩形工具"绘制图形。

操作过程：

（1）选择"文件"→"新建"命令，建立一个新文档。

（2）选择工具箱中的"矩形工具"。

（3）选择"窗口"→"属性"命令，打开"属性"面板，对"矩形工具"的边框属性进行设置。

（4）选择"窗口"→"混色器"命令，打开"混色器"面板，在该面板中设置矩形的填充模式。

（5）在舞台上拖动，确定矩形的轮廓后释放鼠标，规定长度与宽度的矩形矢量图形即显示在舞台中。

（6）如果在拖动鼠标时按住【Shift】键不放，即可绘制出正方形的矢量图形。

2.2.6 使用刷子工具

"刷子工具"可以仿真水彩笔的笔触，绘制的线条是填色区域。若要调整画笔的大小，可在选项栏中设置，如图 2-5 所示。在画笔大小中单击下拉按钮，在弹出的下拉列表框中选择合适的大小；在画笔形状中单击下拉按钮，在弹出的下拉列表框中选择合适的形状。

"刷子工具"也适合作为图形填色工具，它提供了 5 种模式供不同情况下使用。单击选项栏中的画笔模式按钮 ，弹出下拉列表如图 2-6 所示。

图 2-5　笔刷选项栏　　　　　　　　　图 2-6　画笔模式列表

"标准绘画"模式可以在同一层的线条和填充中涂色。

"颜料填充"模式可以对填充区域和空白区域涂色，不影响线条。

"后面绘画"模式可以在同层舞台的空白区域涂色，不影响线条和填充。

当在"属性"面板的"填充颜色"中选择填充时，"颜料选择"模式会将新的填充应用到选择区中（此选项跟简单地选择一个填充区域并应用新填充一样）。

"内部绘画"模式可以对画笔笔触开始的填充进行涂色，但从不对线条涂色。这种做法很像一本智能色彩书，不允许在线条外面涂色。如果在空白区域开始涂色，该填充不会影响任何现有的填充区域。

【操作实例6】使用"刷子工具"绘制图形。

目标：学会使用"刷子工具"绘制图形。

操作过程：

（1）选择"文件"→"新建"命令，建立一个新文档。

（2）选择工具箱中的"刷子工具"。

（3）选择"窗口"→"属性"命令，打开"属性"面板，对颜色属性进行设置。

（4）打开工具箱选项栏的画笔模式下拉列表，选择一种画笔模式；打开选项栏的画笔大小下拉列表框，选择一种画笔尺寸；打开选项栏的画笔形状下拉列表框，选择一种画笔形状。

（5）在舞台上拖动，确定椭圆的轮廓后释放鼠标，规定长度与宽度的椭圆矢量图形即显示在舞台中。

2.3　使用 Flash 编辑图形

在舞台中创建图形后，常常需要对其进行修改、编辑等操作，利用 Flash 8 提供的多种编辑矢量图形工具可以对已经创建的矢量图形进行移动、复制、删除、变形、层叠、对齐和分组等加工处理，将图形对象进行优化和修改。

2.3.1　选择对象

要编辑修改对象，必须先选中对象。在 Flash 8 中，可以使用多种方法选择对象。如使用选择工具、套索工具以及键盘命令等。选择对象时，可以只选择对象的笔触，也可以只选择填充区域，一旦对象被选中，其上面将覆盖一层阴影。

1．使用选择工具选择对象

在一个新建的 Flash 文档中使用"椭圆工具"绘制两个圆，再利用"矩形工具"在一个圆上绘制一个矩形，如图 2-7 所示。以下就以这个图为例来说明如何使用"选择工具"选择对象。

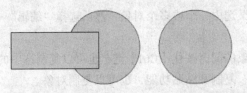

（a）圆形加矩形矢量图　　　（b）圆形矢量图

图 2-7　绘制矢量图

- 在工具箱中选择"选择工具"，单击图 2-7（b）中圆的矢量线外框，则整条矢量线被选中；如果单击图 2-7（a）中圆的矢量线外框，则只能够选择一部分矢量线，从圆和矩形的交界处断开，这是因为在选择矢量线时，"选择工具"会将两个角之间的矢量线作为一个独立的整体进行选择，效果如图 2-7（a）所示。
- 如果单击矩形的矢量线，则只能选择一条边线。
- 如果双击矢量线进行选择，会同时将与这条矢量线相连的所有外框矢量线一起选中。
- 在矢量色块上单击，则只选择矢量色块，不会选择矢量线外框。
- 双击矢量色块，则会连同色块的矢量线外框同时选中。
- 如果想同时选择多个不同的对象，可以按住【Shift】键，然后单击需要选择的对象。
- 如果只选择矢量图形的一部分，可以通过"选择工具"来选择所需的部分，但是这样只能选择规则的矩形区域。

2. 使用套索工具选择对象

在 Flash 8 中，要通过勾画不规则或直边选择区域的方法来选择对象，可以使用"套索工具"及其多边形模式功能。

工具箱内的 图标按钮就是"套索工具"。使用"套索工具"可以选择对象的一部分。与"选择工具"相比，"套索工具"的选择区域可以是不规则的，因而显得更加灵活。

2.3.2　移动、复制和删除对象

移动、复制和删除对象是编辑对象中最基本的操作。

1. 移动对象

要移动一个对象，可执行如下操作之一：

- 先使用"选择工具"选中一个或多个对象，将光标移动到对象上，当光标变成垂直交叉的双箭头时，拖动鼠标即可移动对象。
- 先使用"选择工具"选中一个或多个对象，然后按键盘上的方向键可以进行微调，每按一次方向键，可移动一个像素。按住【Shift】键的同时，再按方向键，可以一次移动 8px。
- 如果按住【Shift】键的同时拖动选中的对象，可以将选中的对象沿 45° 的整数倍角度移动对象。

2. 复制对象

要复制一个对象，可执行如下操作之一：

- 先使用"选择工具"选中一个或多个对象，然后按【Alt】键，即可复制选中的所有对象。

- 先使用"选择工具"选中一个或多个对象，然后选择"编辑"→"复制"命令，也可以复制选中的对象。
- 在拖动鼠标选中对象的同时按住【Ctrl】键，也可以复制选中的对象。
- 利用剪贴板的剪切、复制和粘贴功能，也可以复制对象。

3. 删除对象

要删除一个对象，可执行如下操作之一：

- 用"选择工具"选中一个或多个对象，按【Delete】键或退格键。
- 用"选择工具"选中一个或多个对象，然后选择"编辑"→"剪切"命令，也可以删除选中的对象。

2.3.3　变形对象

使用"任意变形工具"可以对对象、组、实例或文本框进行任意变形。可以一次执行某一种变形操作，也可以将几个变形操作，如移动、旋转、缩放、倾斜和扭曲组合到一起执行。首先选择图形对象、实例、组或文本框，然后选择工具箱中的"任意变形工具"，再在所选内容的周围移动光标，光标将会发生变化，指出哪种变形功能可用。主要可以进行如下变形：

如果要移动所选内容，可以将光标放在边框内的对象上，然后将该对象拖动到新位置。

如果要设置旋转或缩放的中心，可将变形点拖动到新位置，如图 2-8 所示。

如果要旋转所选内容，将光标放在角手柄的外侧，然后拖动，所选内容即可围绕变形点旋转，如图 2-9 所示。此时，如果按住【Shift】键并拖动，可以以 45° 的增量进行旋转；如果按住【Alt】键并拖动，可以围绕对角旋转。

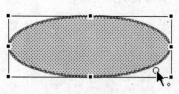

图 2-8　设置变形中心点

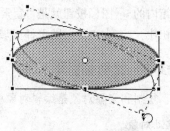

图 2-9　旋转对象

如果要缩放所选内容，沿对角方向拖动手柄可以沿着两个方向缩放尺寸，水平或垂直拖动角手柄或边手柄可以沿各自的方向进行缩放，如图 2-10 所示。此时，如果按住【Shift】键拖动角手柄，可以按比例调整大小。

如果要倾斜所选内容，可以将光标放在变形手柄之间的轮廓上，然后拖动，如图 2-11 所示。

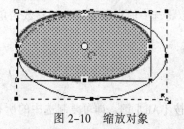

图 2-10　缩放对象

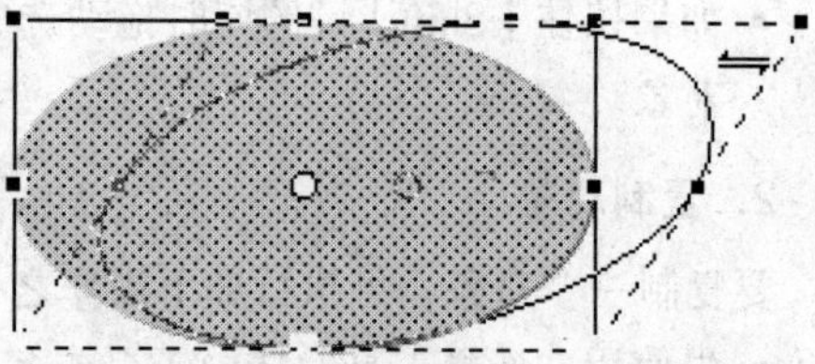

图 2-11　倾斜对象

对选定的对象进行扭曲变形时，可以拖动边框上的角手柄或边手柄，移动该角或边，然后重新对齐相邻的边。按住【Shift】键拖动转角点可以锐化该对象，即将该角和相邻角按相反方向移动相同距离。相邻角是与拖动方向相反的角。按住【Ctrl】键拖动中点可以任意移动整个边，如图 2-12 所示。

如果要结束变形操作，可单击所选对象、实例或文本框的外部。

如果想对对象进行精确调整，则可以使用菜单命令来实现。首先使用工具箱中的"选择工具"在舞台中选择需要精确调整的对象，然后选择"修改"→"变形"命令，弹出其子菜单，如图 2-13 所示，根据变形需要，选择其中的命令即可。

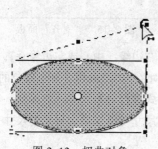

图 2-12　扭曲对象

图 2-13　"变形"子菜单

2.3.4　分组、层叠和对齐对象

在 Flash 8 中，可以将一些图形组合在一起，作为一个对象操作，并且可以设置同一层中不同组合对象的层次顺序和对齐方式。

1. 将对象分组

在 Flash 8 中，为了便于对多个对象进行操作，可以将它们组合为一个组，作为一个对象来处理。例如，创建了一幅画后，可以将该绘画的元素组合成一组，这样就可以将该绘画看成一个整体来选择和移动。

要创建组，从舞台中选择要组合的对象，可以是形状、组、元件、文本等，然后选择"修改"→"组合"命令即可。

2. 层叠对象

在同一层内，Flash 会根据对象的创建顺序进行层叠，将最新创建的对象放在最上面。对象的层叠顺序决定了它们显示的顺序。但是，绘制的线条和形状总是在组和元件的下面，要将它们移动到上面，必须组合它们或者将它们变成元件。更改对象层叠顺序的步骤如下：

（1）在舞台上选择对象。

（2）选择"修改"→"排列"→"移至顶层"或"移至底层"命令，可以将对象或组移动到层叠顺序的最上或最下。

（3）选择"修改"→"排列"→"上移一层"或"下移一层"命令，可以将对象或组在层叠顺序中向上或向下移动一个位置。

3. 对齐对象

在 Flash 中，利用"修改"→"对齐"子菜单或利用"对齐"面板即可完成对象的对齐。"修改"→"对齐"子菜单中的命令如图 2-14 所示，"对齐"面板如图 2-15 所示。利用它们可以完成以下操作。

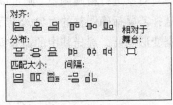

图 2-14　"对齐"子菜单　　　　　　　　　　　图 2-15　"对齐"面板

- 可以沿水平或垂直轴对齐选定对象，沿选定对象的右边缘、中心或左边缘垂直对齐对象，或者沿选定对象的上边缘、中心或下边缘水平对齐对象。边缘由包含每个对象的边框决定。
- 可以将所选对象按照中心间距或边缘间距相等的方式进行分布。
- 可以调整所选对象的大小，使所有对象水平或垂直尺寸与所选最大对象的尺寸一致。
- 可以将所选对象与舞台对齐。
- 可以对所选对象应用一个或多个"对齐"选项。

2.3.5　使用填充变形工具

在 Flash 中，使用工具箱中的"填充变形工具" ，可以通过调整填充的大小、方向或者中心，实现变形渐变填充或变形位图填充。

1. 变形渐变填充

变形渐变填充分为线性渐变填充和放射状渐变填充。使用线性渐变填充对图形进行填充时，选择工具箱中的"填充变形工具" ，并在填充区域中单击，这时在图形上出现两条平行线，这两条平行线称为渐变线，共有 3 个圆形或方形的手柄，如图 2-16 所示。

使用渐变线可以对线性渐变填充图形进行以下操作：

- 调整渐变中心：拖动两条渐变线之间的圆形手柄，可以移动渐变中心的位置。
- 调整渐变线的距离：拖动渐变线上的方形手柄，可以调整填充的渐变线距离。
- 调整渐变线的方向：拖动渐变线端点的圆形手柄，可以调整渐变线的倾斜方向。

使用放射状渐变填充色对图形进行填充时，在圆心和圆周上共有 4 个圆形或方形手柄，如图 2-17 所示。

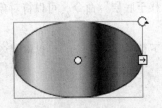

图 2-16　线性渐变填充

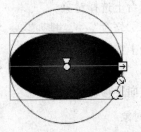

图 2-17　放射状渐变填充

使用渐变圆可以对放射状渐变填充图形进行以下调整：

- 调整渐变中心：拖动圆心的圆形手柄，可以移动填充中心亮点的位置。
- 调整渐变圆的长宽比：拖动圆周上的方形手柄，可以调整渐变圆的长宽比。
- 调整渐变圆的大小：拖动紧挨着方形手柄的圆形手柄，可以调整渐变圆的大小。
- 调整渐变圆的方向：拖动圆周上的另一个圆形手柄，可以调整渐变圆的倾斜方向。

2. 变形位图填充

使用位图填充图形时，选择工具箱中的"填充变形工具" ，并单击填充区域中的位图，在所选的位图周围将出现一个矩形框，共有 7 个圆形或方形手柄，如图 2-18 所示。

使用填充位图手柄可以对位图填充图形进行以下调整：

- 拖动中心的圆形手柄，可以调整填充位图的位置。
- 拖动左下角的手柄，可以保持位图的长宽比例并改变位图的大

图 2-18　变形位图填充

  小。如果缩小填充位图，可以使区域中容纳更多的图形。
- 拖动边框上的方形手柄，可以沿水平或垂直方向改变填充位图的大小。
- 拖动边框上的圆形手柄，可以沿水平方向或垂直方向倾斜填充位图。
- 拖动右上角的圆形手柄，可以保持填充位图的形状不变而旋转位图。

2.3.6　使用图形编辑工具

在 Flash 中，还可以使用图形编辑工具编辑绘制的图形对象。例如，使用"选择工具"可以改变线条或图形的形状，使用"橡皮擦工具"可以擦除在舞台中绘制的图形。

1. 使用"选择工具"任意改变对象的大小与形状

使用"选择工具"，可以对矢量图形进行某些编辑，主要用于修改矢量线的弧度和矢量色块的外形。可以进行如下操作：

选择"选择工具"，将光标移动到矢量线上，当"选择工具"出现弧形符号时，就可以调整矢量线的弧度，此时，可以单击鼠标，然后拖动矢量线到合适的弧度释放鼠标即可。

将光标移动到矢量线的连接点，则会出现方形符号，此时，可以对矢量线的连接点位置进行修改。

通过设置"选择工具"的平滑属性，可使矢量线和矢量色块的边缘变得更加平滑。

如果需要使矢量线的棱角变得分明，则可以使用"选择工具"的伸直选项。

【操作实例 7】使用"选择工具"改变图形的形状。

目标：学会使用"选择工具"改变图形的形状。

操作过程：

（1）选择"文件"→"新建"命令，建立一个新文档。

（2）使用"椭圆工具"，按住【Shift】键绘制一个正圆。

（3）选取"选择工具"，单击正圆的边框，按【Delete】键删除，然后将光标移到对象的边缘上，向右随意拖动（见图 2-19）改变圆的外形。当然，这里只是做随意拖动，这项功能一般是对图形进行精细修改时使用。

2．使用"橡皮擦工具"

"橡皮擦工具"用于清除线条或填色区域，它提供了"橡皮"模式和"水龙头"模式两种方式来清除对象，在选项栏中可以设置。

"橡皮"模式是以拖动的方式清除对象的，单击选项栏中的按钮，出现一个下拉列表，如图 2-20 所示，该下拉列表中的 5 个选项分别代表 5 种不同清除对象的方式。

（a）改变前　　　　（b）改变后

图 2-19　使用"选择工具"拖动变形　　　　图 2-20　"橡皮"模式下拉列表

"水龙头"模式可以清除所选取的区域颜色，使该区域恢复未填色状态，操作时单击按钮，再选取填色区域即可。

【操作实例 8】 使用"橡皮擦工具"擦除文字与位图。

目标： 学会使用"橡皮擦工具"要。

操作过程：

（1）选择"文件"→"新建"命令，建立一个新文档。

（2）选择工具箱中的"文本工具"，在舞台上创建矢量文字"遮阳伞"。

（3）选择"文件"→"导入"命令，导入位图文件并调整好位图与文字的位置，如图 2-21 所示。

（4）分离导入的位图，并用"橡皮擦工具"擦除部分文字和位图，如图 2-22 所示。

图 2-21　导入的位图与文本　　　　图 2-22　擦除后的位图与文本

2.4　上机操作综合指导

【上机操作指导 1】

操作要求： 使用基本工具，绘制一个卡通小狗。

操作过程：

第 1 步：绘制小狗的头部

（1）选择"文件"→"新建"命令，建立一个新文档。

（2）选择"椭圆工具"，在舞台上绘制两个没有填充颜色的椭圆，这两个椭圆的组合就是头部的雏形，如图 2-23 所示。

（3）按住【Shift】键，依次单击两个椭圆内部的两段弧线，将它们选中。按【Delete】键，删除弧线效果如图 2-24 所示。

（4）在头部左端绘制一个填充黑色的椭圆，作为小狗的鼻子，如图 2-25 所示。

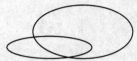　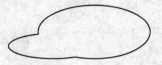　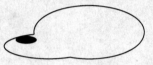

图 2-23　头部的雏形　　　　　图 2-24　删除弧线　　　　　图 2-25　绘制出鼻子

（5）选择"铅笔工具"，在工具箱下面的选项栏中，打开"铅笔"模式下拉列表并选择"平滑"选项，绘制弯弯的眼睛和鼻子上的胡子，如图 2-26 所示。

（6）再用"铅笔工具"在头上绘制两个耳朵，如图 2-27 所示。

图 2-26　绘制眼睛和胡子　　　　　　　图 2-27　绘制耳朵

第 2 步：绘制小狗的躯干等部分

（7）用"椭圆工具"绘制 5 个椭圆，如图 2-28 所示，这是小狗的躯干和四肢。

（8）选择"铅笔工具"，做必要的连接，将小狗的各个部位连接到一起，如图 2-29 所示。

图 2-28　绘制小狗的躯干和四肢　　　　图 2-29　做必要的连接

（9）选择"选择工具"，选择不必要的线段，按【Delete】键将其删除，得到图 2-30 所示的外观。

（10）选择"铅笔工具"，画出摇摆的尾巴，如图 2-31 所示。

图 2-30　删除不必要的线段　　　　　图 2-31　添加尾巴

第 3 步：为绘制好的图形填充颜色

（11）选择工具箱中的"颜料桶工具"，选择褐色为填充颜色，将小狗的耳朵和尾巴填充成褐色，如图 2-32 所示。

图 2-32　填充颜色

（12）用同样的方法将小狗的躯干和脚填充成白色，完成制作。

【上机操作指导 2】

操作要求：绘制一片枫叶。

操作过程：

（1）选择"文件"→"新建"命令，建立一个新文档。

（2）选择"矩形工具"，舞台中央绘制一个正方形，正方形的大小要跟设想中的枫叶大小差不多。

（3）选择"窗口"→"设计面板"→"混色器"命令，打开"混色器"面板，选择的填充方式为"放射状"，并且在渐变栏中多设置几个颜色样本，用来表示枫叶从黄色到红色的渐变过程。具体设置如图 2-33 所示。

（4）选择"颜料桶工具"，在正方形的中央单击，为正方形填充刚才所选择的渐变颜色，该正方形用来表示枫叶的颜色，如图 2-34 所示。

图 2-33　设置"混色器"面板

图 2-34　具有放射状填充颜色的正方形

（5）选择"铅笔工具"，在工具箱下面的选项栏中，在"铅笔模式"下拉列表中选择"平滑"选项，将其边线设置为任意颜色，在舞台上绘制一个枫叶（不需要叶脉和叶柄）的雏形，注意尽量使枫叶的大小与正方形的大小差不多，然后将其移动到所画的正方形中间，如图 2-35 所示。如果正方形太小，不能容纳枫叶，则可以相应地将枫叶调小或者将正方形拉大一些。

（6）选择枫叶之外的区域和正方形的边框，将这些部位删除。然后选择"铅笔工具"，并选择一种暗黑或者深绿的笔触颜色，在枫叶上将叶脉和叶柄勾画出来。最终效果如图 2-36 所示。

图 2-35　绘制的枫叶雏形

图 2-36　成形的枫叶

小结与提高

- 工具箱中的几何形状工具可以用来快速准确地创建基本元素，而且可以定制各种填充和线条形状。
- 通过使用"刷子工具"和"橡皮擦工具"的特定模式，可以对图形中指定的部分进行修改。
- 使用"铅笔工具"、"刷子工具"和"钢笔工具"可以创建自由形状的线条或贝塞尔曲线，可以用"选择工具"和"部分选取工具"编辑。
- "属性"面板和"混色器"面板能够为通过各种绘图工具创作的图形选择填充和线条颜色。
- 可以在"属性"面板中定制线型，创建具有各种形状和宽度的线型。
- 使用"部分选取工具"手工编辑点的方式可以优化图形，简化线条或曲线，减小文件占用空间。

思考和练习

一、填空题

1. "铅笔工具"的 3 种绘画类型是_____、_____和_____。
2. 在绘制好曲线后，若需要对曲线的形状进行调整，可使用_____工具。
3. 在使用"混色器"面板创建渐变色时，最多只能使用_____种颜色。
4. 在 Flash 8 的工具箱中包含 3 种绘制线条的工具，分别为_____工具、_____工具和_____工具。
5. 节点的_____和_____确定曲线的形状。

二、选择题

1. 当圆角矩形被放大的时候，它的圆角将（　　　）。
   A. 保持半径不变　　　B. 随着被放大　　　C. 消失　　　D. 无法确定
2. 在 Flash 8 中使用（　　　）铅笔模式，可绘制接近手绘效果的线条。
   A. 伸直　　　　　　　B. 手绘　　　　　　C. 平滑　　　D. 墨水

3. 使用（　　　）工具不仅可以改变图形的线条属性，同时也可以为没有轮廓线的图形添加轮廓线。

    A. 墨水瓶　　　　　　B. 刷子　　　　　　C. 颜料桶　　　　D. 滴管

4. 在选择（　　　）工具后，按住【Shift】键可绘制水平线、垂直线及以 45° 为增量的直线。

    A. 铅笔　　　　　　　B. 钢笔　　　　　　C. 刷子　　　　　D. 线条

5. 使用"刷子工具"的（　　　）模式，可以对填充区域和空白区域涂色，而不影响线条。

    A. 颜料填充　　　　　B. 内部绘画　　　　C. 后面绘画　　　D. 颜料选择

三、判断题

1. 使用"墨水瓶工具"可以用一种单色对图形中的线条进行着色或为一个区域添加封闭的边线。　　　　　　　　　　　　　　　　　　　　　　　　　　　　　（　　）

2. 在使用"椭圆工具"时，按住【Ctrl】键可以在舞台中绘制圆形。　　（　　）

3. 在使用"混色器"面板编辑渐变色时，最多只能设置 6 个颜色样本。　（　　）

四、问答题

1. 如何向"颜色样本"面板中添加新的颜色？

2. 如何对绘制曲线的节点进行编辑？

五、上机操作题

1. 依次使用红、黄、绿、蓝 4 种颜色，创建一种放射状渐变色，然后使用创建的渐变色，绘制一个笔触高度为 2.5 磅、边框为红色的圆，如图 2-37 所示。

2. 使用 Flash 绘制出图 2-38 所示的汽车标志。

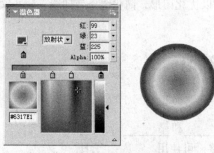

图 2-37　创建渐变色并绘制图形

图 2-38　汽车标志

第 **3** 章　Flash 动画基础知识

学习目标

☑ 了解"时间轴"面板

☑ 掌握图层的概念、类型、创建过程及编辑步骤

☑ 掌握使用图层创建遮罩动画

☑ 掌握帧和关键帧的基本操作

☑ 熟悉元件、实例和库

☑ 熟悉管理场景

3.1　了解时间轴

Flash 8 的"时间轴"面板一般位于常用工具栏的下面，可以拖动改变它在窗口中的位置。"时间轴"面板是用来进行动画创作和编辑的主要工具。按照功能的不同，可将时间轴分为两大部分：图层操作区和时间控制区，如图 3-1 所示。

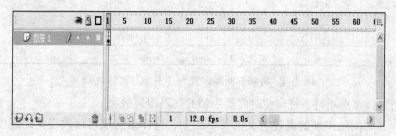

图 3-1　"时间轴"面板

1. 时间轴标尺

时间轴标尺由帧标记和帧编号两部分组成。默认情况下，帧编号居中显示在两个帧标记之间。帧标记就是标尺上的小垂直线，每一个刻度代表一帧，每 5 帧显示一个帧编号。

2. 播放头

播放头主要有两个作用：一是拖动播放头时可浏览动画；二是选择需要处理的帧。当用户拖动时间轴上的播放头时，可以浏览动画，随着播放头位置的变化，动画会根据播放头的拖动方向向前或向后播放。

3．状态栏

时间轴上的状态栏显示当前帧、帧频率和播放时间 3 条信息。当前帧显示舞台上当前可见帧的编号，也就是播放头当前的位置。帧频率显示当前动画每秒播放的帧数，用户可以双击帧频率，打开"文档属性"对话框，可在该对话框中重新设置每秒播放的帧数。播放时间显示的是第 1 帧与当前帧之间播放的时间间隔。

4．帧浏览选项

帧浏览选项的图标 位于时间轴的右上角，当单击该图标按钮时，会弹出一个下拉列表，如图 3-2 所示。利用该下拉列表可以修改时间轴中帧的显示方式。菜单中各个命令的功能如下：

图 3-2　帧浏览选项列表

- 很小：当选择该选项时，可以使时间轴中帧的间隔距离最小，如图 3-3 所示。

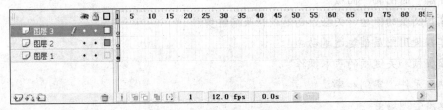

图 3-3　将帧的间隔设置为"很小"时的效果

- 小：当选择该选项时，可以使时间轴中帧的间隔距离比较小。
- 标准：系统默认的选项，当用户选择该选项时，可以使时间轴中帧的间隔距离正常显示。
- 中等：当选择该选项时，可以使时间轴中帧的间隔距离比较大，如图 3-4 所示。

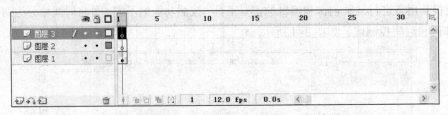

图 3-4　将帧的间隔设置为"中等"时的效果

- 大：当选择该选项时，可以使时间轴中帧的间隔距离最大。
- 较短：与时间轴中帧的高度有关的菜单命令，选择该选项可以改变帧的高度，并可得到图 3-5 所示的效果。

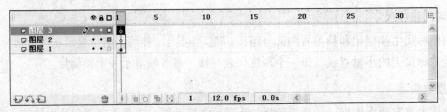

图 3-5　选择"较短"时的效果

- 彩色显示帧：该菜单命令是系统默认的选项，如果取消对该选项的选择，帧的不同部分将使用相同的颜色。如果选择该选项，帧的不同部分将被设置成不同的颜色。

- 预览：如果选择该选项，则会使每一个图层上每一帧的画面显示在时间轴上表示帧的框中，Flash 将图形放大或缩小放置在框中，如图 3-6 所示。

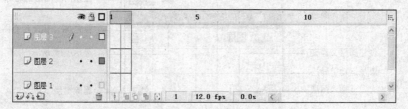

图 3-6　选择"预览"时的效果

- 关联预览：如果选择该选项，则会以按钮符号放大或缩小的比例为标准，显示它们相对整个动画的大小。例如，按钮符号放大 2 倍显示在时间轴的帧框中，则其他对象也放大 2 倍显示在时间轴的帧框中。这是该命令与预览命令的区别之处。

注意：在播放动画时，将显示实际的帧频率，如果计算机不能足够快地显示动画，则该帧频可能与影片的帧频不一致。

3.2　认 识 图 层

图层是 Flash 中一个非常重要的概念，灵活运用图层，可以轻轻松松地制作出动感丰富、效果精彩的 Flash 动画。图层这个概念在许多图形软件中都会出现，而它也是专业级图形软件必备的工具。使用图层工具，用户可以在不同的图层上创建图案和图案的动画行为，并且各图层上的图案彼此之间不会产生影响，这样就可以简化动画的创作以及简化对动画中对象的管理。Flash 中的图层包括普通层、引导层和遮罩层。当创建一个新的动画时，默认情况下将自动创建一个"图层 1"，制作过程中可以根据需要在动画中加入并组织多个图层。图层的数目仅受计算机内存的限制，并且增加图层不会增加最终输出的动画文件的大小。

3.2.1　图层及操作区

图层像透明的薄片一样，一层层地向上叠加。通过它用户可以方便地组织文档的内容。而且，当在某一图层上绘制和编辑对象时，其他图层上的对象不会受到影响。如果一个图层上没有内容，那么就可以透过它看到它下面的图层。

图 3-7 所示为动画的两个维度"图层"和"时间轴"。图层建立的是空间维度，时间轴建立的是时间维度。图层在动画制作中具有分离要素的作用，时间轴则在时间维度中有控制要素的行为，即时间轴可以实现要素二维移动的控制。

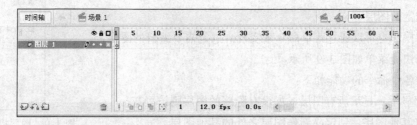

图 3-7　图层和时间轴

图 3-8 所示为图层的操作区。

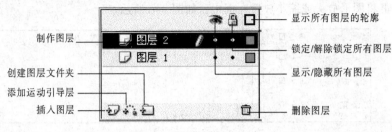

制作图层
创建图层文件夹
添加运动引导层
插入图层

显示所有图层的轮廓
锁定/解除锁定所有图层
显示/隐藏所有图层
删除图层

图 3-8　图层操作区

1. 显示/隐藏所有图层

最上一排的"眼睛"图标表示图层是否可见。在图层操作区中，每一个图层都有一个"小白点"和"眼睛"图标相对应，可以通过单击某一图层和"眼睛"图标对应的"小白点"来让该图层隐藏，再次单击"小白点"则取消隐藏。隐藏的图层是不可编辑的。

2. 锁定/解除锁定所有图层

锁定的目的是让编辑好的图层不受误操作的影响，锁定的图层同样不可编辑。最上一排的"锁"图标表示图层是否被锁定。在图层操作区中，每一个图层都有一个"小白点"和"锁"图标相对应，可以通过单击某一图层和"锁"图标对应的"小白点"来让该图层锁定，再次单击"小白点"则解除锁定。

3. 显示所有图层的轮廓

显示轮廓是为了知道图层间的位置关系。

4. 制作层

表示该图层正在编辑中，这一行被置黑并以铅笔图标标识。

5. 插入图层

创建新的图层。直接单击该图标即可创建新图层。

6. 添加运动引导层

如果某一对象的移动轨迹是一条曲线，则通过创建引导层来实现。

7. 创建图层文件夹

创建新的图层文件夹。直接单击该图标即可创建新的图层文件夹。

8. 删除图层

删除选定的图层。

图层的操作也可以通过菜单命令来实现。选定需要编辑的图层，右击，弹出快捷菜单如图 3-9 所示。

菜单中各个命令的功能如下：

● 全部显示：显示所有图层，如没有隐藏的图层则被置灰。

● 锁定其他图层：锁定除制作图层之外的其他图层。

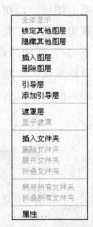

图 3-9　图层操作快捷菜单

- 隐藏其他图层：隐藏除选定图层之外的其他图层。
- 插入图层：插入新图层，和"插入图层"按钮的作用一样。
- 删除图层：删除选定的图层。
- 引导层：将选定的图层设置为引导层。
- 添加引导层：为选定的图层插入一个引导层。
- 遮罩层：遮蔽。
- 显示遮罩：显示遮蔽。
- 插入文件夹：插入新的文件夹，和"创建图层文件夹"按钮的作用一样。
- 删除文件夹：删除选定的文件夹。
- 展开文件夹：展开选定的文件夹。
- 折叠文件夹：折叠选定的文件夹。
- 展开所有文件夹：展开所有文件夹。
- 折叠所有文件夹：折叠所有文件夹。
- 属性：设置图层的属性。

3.2.2　创建图层

要创建图层，可执行下列操作之一：
- 选择"插入"→"图层"命令。
- 在时间轴中的层操作区右击弹出快捷菜单，在其中选择"插入图层"命令。
- 在时间轴中的图层操作区底部单击 ⬤ 按钮，也会出现
  一个新图层。

新图层创建后的图层操作区如图 3–10 所示。新创建的
图层使用系统的默认名为"图层 2"，下面的"图层 1"为创
建新动画时系统自动创建的。

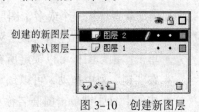

创建的新图层—— 图层 2
默认图层—— 图层 1

图 3–10　创建新图层

3.2.3　编辑图层

在 Flash 中创建一个新图层后，就可以在这个图层上绘制图案或者创建符号的实例。所有的
绘图操作都是在当前被选择的图层上进行的。如果图层被锁定，该图层上的任何对象都不能被编
辑。

1．选择一个图层

要选择图层，可执行下列操作之一：
- 直接在时间轴的图层操作区中单击图层的名称。
- 在"时间轴"面板中单击该图层的任何帧，则该图层也被选择。
- 在舞台上单击该图层中的对象，则该图层被选择。

2．同时选择多个图层

选择多个图层的方法是按住【Ctrl】键，然后在所要选择的多个图层中单击。如果要选择连
续的多个图层，还可以先选择第一个图层，按住【Shift】键，然后单击要选择的最后一个图层，

这时这两个图层之间的所有图层都被选中。

同时被选中的多个图层如图 3-11 所示。注意，此时这些图层的所有帧都被同时选中。

3．重命名图层

要重命名图层，可执行下列操作之一：

- 直接在时间轴的图层操作区中双击图层的名称，然后输入新名称。
- 在时间轴的图层操作区中右击弹出快捷菜单，在其中选择"属性"命令，打开图 3-12 所示的"图层属性"对话框，在"名称"文本框中输入新名称，然后单击"确定"按钮。
- 在时间轴的图层操作区中选择图层，然后选择"修改"→"图层"命令，打开图 3-12 所示的"图层属性"对话框，在"名称"文本框中输入新名称，然后单击"确定"按钮。

图 3-11　同时选中多个图层

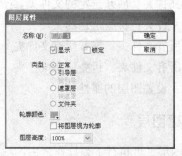

图 3-12　"图层属性"对话框

4．锁定/解锁图层

要锁定或者解锁一个或多个图层，可以执行下列操作之一：

- 单击图层名称右侧的"锁"列可以锁定图层，再次单击"锁"列可以解锁。
- 单击"锁"图标可以锁定所有图层，再次单击"锁"图标可以解锁所有图层。
- 在"锁"列中拖动，可以锁定或解锁多个图层。
- 按住【Alt】键单击图层名称右侧"锁"列的"小白点"可以锁定所有其他的图层，再次按住【Alt】键单击图层名称右侧"锁"列的"小白点"，可以解锁所有图层。

5．复制图层

复制图层的步骤如下：

（1）单击图层，选择该图层。

（2）选择"编辑"→"复制帧"命令，复制图层中包含的所有内容。

（3）选择"插入"→"图层"命令，创建一个新图层。

（4）单击新图层，然后选择"编辑"→"粘贴帧"命令，粘贴要复制的内容。

6．删除图层

要删除图层，先单击选择该图层，然后执行下列操作之一：

- 单击图层操作区底部的删除图层图标。
- 拖动图层到 🗑 图标。
- 在该图层上右击，在弹出的快捷菜单中选择"删除图层"命令。

3.2.4　设置图层的属性

在时间轴的图层操作区中可以直接设置图层的显示和编辑属性,如果要设置更加详细的属性,可以使用"图层属性"对话框来完成。

1. 打开"图层属性"对话框

要打开"图层属性"对话框,可以执行下列操作之一:

- 选择要查看属性的图层,然后在该图层上右击并选择"属性"命令。
- 双击要查看属性的图层图标。

2. 修改图层属性

打开"图层属性"对话框后,可以设置以下属性:

- 名称:在该文本框中可修改图层的名称。
- 显示:使用该复选框,可以显示或隐藏图层。其中,取消选择该复选框可隐藏图层。
- 锁定:使用该复选框,可以锁定或解锁图层。其中,选择该复选框可锁定图层。
- 类型:在该选项组中可以更改图层的类型,主要包括以下 6 种:
  - ➤ 正常:设置该图层是普通的图层类型,这是默认类型属性。在普通层上面可以绘制图案或者创建实例。
  - ➤ 引导层:设置该图层为辅助层。在辅助层中可以创建栅格、辅助线、背景和其他对象。
  - ➤ 被引导:该图层是与引导层相关联的普通层。用户可将多个普通层同时和一个辅助层相关联。
  - ➤ 遮罩层:设置该图层为遮罩层。使用遮罩层可以实现多种特殊的效果,如水中的倒影、波浪文字等。
  - ➤ 被遮罩:该图层是与遮罩层关联的普通层。可以将多个普通层和一个遮罩层相关联。
  - ➤ 文件夹:设置该图层为文件夹。
- 轮廓颜色:在颜色调色板中选定颜色,如果选中"将图层视为轮廓"复选框,则该图层上的所有对象都会以边框模式显示,并且该边框的颜色就是在上面的颜色调色板中选取的。
- 图层高度:在该下拉列表框中有 3 个选项,分别是 100%、200% 和 300%,如图 3-13 所示。这些数值用来设置图层的高度。将图层 3 的高度设置为 200%,变高后的效果如图 3-14 所示。

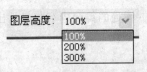

图 3-13　设置图层高度

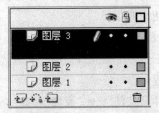

图 3-14　图层 3 的高度设置为 200%

3.2.5　遮罩层

在 Flash 中遮罩是指一个范围，它可以是一个矩形区域、一个圆，也可以是字体，甚至可以是随意绘制的一个区域。任何一个不规则形状的范围都可用做遮罩。在 Flash 中，可以在图层操作区定义一个遮罩层，当然该图层的编辑区必须有一个范围，同时还必须定义想要遮住的层，否则只有遮罩层，却没有任何可供遮罩的图层，是不合理的，而且，在演示中将看不到任何画面。因为，遮罩层的图形在演示中是不显示的，它只是给定一个区域，在遮罩层的下面，设置被遮罩的图层只能在该区域内显示。遮罩层相当于一个窗口，窗口的范围是遮罩层图形的边缘勾勒的范围，被遮罩的图层只能在该区域内显示。如果被遮罩的图层中图形不够大，无法占满遮罩层中的所有空间时，将用背景色填充。

创建遮罩层的步骤如下：

（1）选择或创建一个图层作为被遮罩层，在该图层中应包含将出现在遮罩中的对象。

（2）选择"插入"→"图层"命令，在被遮罩层上面再创建一个新图层，该图层将作为遮罩层。

（3）在遮罩层上创建填充形状、文字或元件。在遮罩层中，Flash 会忽略其中的位图、渐变色、透明、颜色和线条。因此，在遮罩层中的任何填充区域都是完全透明的，而任何非填充区域都是不透明的。

（4）在"时间轴"面板中右击步骤（2）中创建的遮罩层，然后从弹出的快捷菜单中选择"遮罩层"命令，该层将转换为遮罩层，用一个遮罩层图标来表示。紧贴它下面的图层将链接到遮罩层，其内容会透过遮罩中的填充区域显示出来。被遮罩的层名称将以缩进形式显示，其图标更改为一个被遮罩的层图标。

要在创建遮罩层后遮住其他图层，可以执行下列操作之一：

- 在"时间轴"面板中，将现有的图层直接拖放到遮罩层下面。
- 在遮罩层下面创建一个新图层。
- 选择"修改"→"图层"命令，打开"图层属性"对话框，在"类型"选项组中选择"遮罩层"单选按钮，如图 3-15 所示。

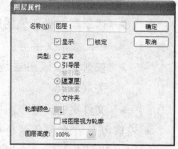

图 3-15　将图层设置为"遮罩层"

如果要断开图层和遮罩层的链接，可以选择要断开链接的图层，然后将该图层拖到遮罩层的上面或选择"修改"→"图层"命令，打开"图层属性"对话框，在"类型"选项组中选择"正常"单选按钮。

通过前面的讲解，我们已经了解了遮罩层的创建和使用方法，下面以一个实例来说明如何在动画制作中使用遮罩层。

【操作实例 1】创建一个聚光灯动画。

目标：创建一个聚光灯动画，当聚光灯移动到某处时，该处的舞台内容将显示出来。

操作过程：

（1）选择"文件"→"新建"命令，新建一个文档。

（2）选择"修改"→"文档"命令，打开"文档属性"对话框，在"尺寸"文本框中设置影片的大小为 600px×280px，单击"背景色"按钮，从弹出的颜色调色板中选择黑色（＃000000）作为背景颜色，如图 3-16 所示。

（3）单击"确定"按钮，此时在场景中出现一个大小为 600px×280px 的黑色背景。

（4）选择"文件"→"导入"命令，打开"导入"对话框，在对话框中选择一幅图片，如图 3-17 所示。

图 3-16　设置影片大小和背景色　　　　　　图 3-17　选择图片

（5）单击"打开"按钮，该图片被导入到舞台中，选择"视图"→"缩放比率"→"显示全部"命令显示整个图像，如图 3-18 所示。

图 3-18　显示导入的图像

（6）选择"插入"→"新建元件"命令，打开"创建新元件"对话框，在"名称"文本框中输入新建元件名称"聚光灯"，并在"行为"选项组中选择"图形"单选按钮，如图 3-19 所示。

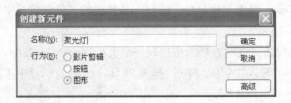

图 3-19　创建新元件

（7）单击"确定"按钮，进入元件编辑模式。

（8）在工具箱中选择"椭圆工具"，并在"颜色"选项组中设置"笔触颜色"为无颜色，"填充色"为黑白渐变，然后按住【Shift】键以注册点为中心绘制一个没有边框的圆，如图 3-20 所示。

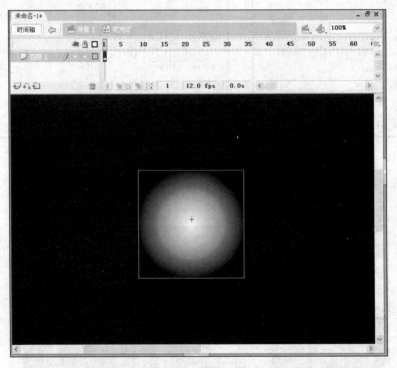

图 3-20　绘制元件

（9）选择"编辑"→"编辑文档"命令，返回文档编辑模式。

（10）选择"插入"→"图层"命令，新建一个"图层 2"。

（11）选择"窗口"→"库"命令，打开"库"面板，选择创建的元件"聚光灯"，并将其拖放到舞台上，创建一个实例，如图 3-21 所示。

（12）在图层 2 的第 15 帧和第 30 帧处，分别右击并选择"插入关键帧"命令插入两个关键帧。

（13）在"时间轴"面板中单击第 15 帧，然后选中创建的元件实例，并将其拖放到舞台的右上角，如图 3-22 所示。

图 3-21　创建元件实例

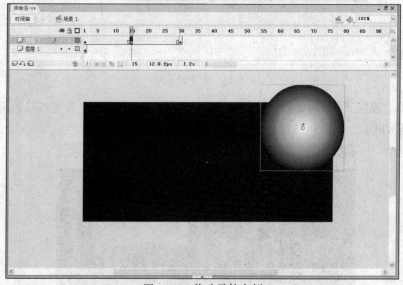

图 3-22　移动元件实例

（14）在"时间轴"面板中，单击图层 2 的第 1 个关键帧，然后在显示的帧"属性"面板的"补间"下拉列表框中选择"动画"选项，创建从第 1 帧～第 15 帧的动画，如图 3-23 所示。

图 3-23　创建补间动作动画

（15）使用相同的方法，创建从第 15 帧～第 30 帧的补间动作动画。

（16）在"时间轴"面板中，单击图层 1 的第 30 帧，然后选择"插入"→"帧"命令，使导入的静态图像显示在整个动画中。

（17）在"时间轴"面板中，右击图层 2，从弹出的快捷菜单中选择"遮罩层"命令，这时图层 2 将被设置为遮罩层，图层 1 变为被遮罩层，在舞台上只有元件实例下的内容能被显示出来，如图 3-24 所示。

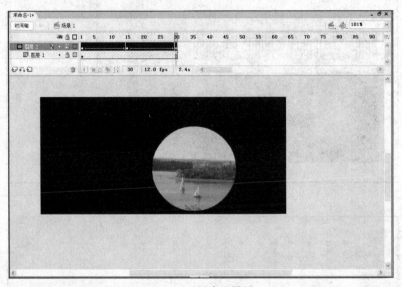

图 3-24　创建遮罩层

（18）选择"控制"→"测试影片"命令测试影片效果，可以看到，聚光灯移动到哪里，哪里的内容就被显示出来，如图 3-25 所示。

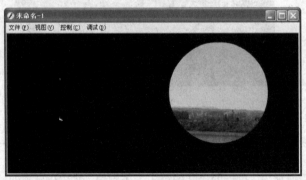

图 3-25　测试影片

（19）选择"文件"→"保存"命令，打开"另存为"对话框，保存文档。

3.2.6　运动引导层

在 Flash 中，引导层又称辅助层，它在画图时起辅助作用。在 Flash 中，用户可以创建引导层，然后将其他图层上的对象与在引导层上创建的对象对齐。引导层不出现在发布的 Flash 影片中。引导层可以分为两种：普通引导层和运动引导层。

普通引导层用直尺图标表示，起辅助静态定位作用。运动引导层用弧线图标表示，在制作影片时起运动轨迹的引导作用。

普通引导层是在普通层的基础上建立的，运动引导层则是一个新的图层，在应用中必须指定是哪个层上的运动轨迹。

创建引导层的步骤如下：

（1）选择"文件"→"新建"命令，新建一个文档，此时在"时间轴"面板中自动创建一个"图层1"。

（2）选择该图层，右击并选择"引导层"命令，这时"图层1"将被转换为普通引导层。

（3）选择"插入"→"时间轴"→"图层"命令，新建一个"图层2"。

（4）选择"插入"→"时间轴"→"运动引导层"命令，此时，在"图层2"上添加了一个运动引导层，如图3-26所示。

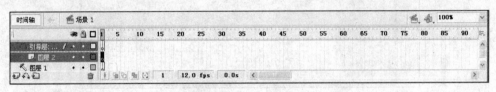

图 3-26 添加运动引导层

一个运动引导层可以与一个或多个图层关联，只要将选中的图层拖动到运动引导层下面即可。下面以一个实例来说明如何在动画制作中使用运动引导层。

【操作实例2】创建小球运动动画。

目标：创建一个小球沿着设置好的轨迹运动的动画。

操作过程：

（1）选择"文件"→"新建"命令，新建一个文档。

（2）选择工具箱中的"椭圆工具"，配合【Shift】键绘制一个圆。

（3）单击图层操作区中的"添加运动引导层"按钮，新建一个引导层，如图3-27所示。

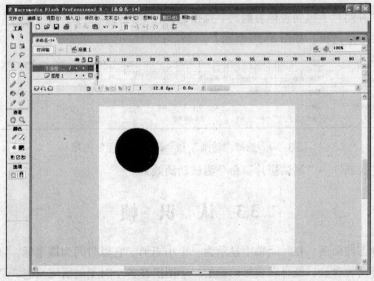

图 3-27 添加引导图层

（4）锁定有圆的图层，即"图层 1"，然后在引导层中使用"铅笔工具"绘制一条曲线，如图 3-28 所示。

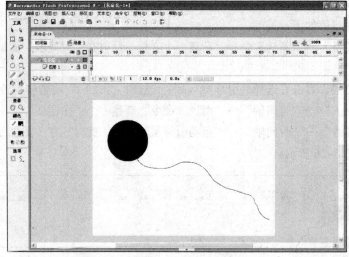

图 3-28　引导线

（5）分别在两个图层的第 25 帧处添加一个关键帧，解锁图层 1，在第 1 帧将圆的中心点拖动到曲线的左端。

（6）在第 25 帧处将圆的中心点对准曲线的右端。

（7）单击"图层 1"的第 1 帧，出现帧"属性"面板，如图 3-29 所示。

图 3-29　帧"属性"面板

（8）单击"补间"下拉列表框右侧的下拉按钮，在下拉列表框中选择"动画"选项，同时选择"调整到路径"复选框，如图 3-30 所示。

图 3-30　选择"动画"和"调整到路径"选项

（9）选择"控制"→"测试影片"命令测试动画效果。

3.3　认　识　帧

帧是一幅静态的画面，在时间轴中显示为一个小矩形。它以时间为横坐标，以图层序列为纵坐标，因此具有两种含义：既可以表示动画的一个图层在各个时刻的瞬间形态，又可以描述动画在某一时间不同深度的独立行为。

1．帧和关键帧

关键帧是与它前面和后面的帧内容都不相同的帧，时间轴上实心的圆圈代表有内容的关键帧。空白关键帧与关键帧的行为完全相同，只是不包含任何内容，时间轴上空心的圆圈代表空白关键帧。

2．创建关键帧

要创建关键帧，可先在时间轴中选择一个帧，然后执行下列操作之一：

- 选择"插入"→"时间轴"→"关键帧"命令。
- 右键单击选中的帧，在弹出的快捷菜单中选择"插入关键帧"命令。

3．帧的操作

帧的操作可以通过菜单来实现。选定需要编辑的帧，右击鼠弹出快捷菜单如图 3–31 所示。

图 3–31　帧操作快捷菜单

- 插入帧：插入一个普通帧，可以增加影片的长度。可以通过菜单"插入"→"时间轴"→"帧"命令来实现。快捷键为【F5】。
- 删除帧：删除选中的帧，后面的帧都向前移一位。快捷键为【Shift+F5】。
- 插入关键帧：此命令在区间中插入关键帧时可以不扩展区间，因为实际上插入关键帧就是将当前帧转换为关键帧，所以与插入帧不同，插入关键帧不会导致其他帧向后移。快捷键为【F6】。
- 插入空白关键帧：在区间中插入空白关键帧会将时间轴的下一个关键帧以前的内容完全清除，快捷键为【F7】。
- 清除关键帧：清除一个关键帧后，前面的关键帧的区间将会扩展到下一个关键帧。快捷键为【Shift+F6】。
- 转换为关键帧：可以将普通帧转换为关键帧。
- 转换为空白关键帧：在区间中将某一帧转换为空白关键帧会将时间轴的下一个关键帧以前的内容完全清除。
- 剪切帧：用空白帧换掉区间中的某一帧，同时保留区间中其他部分的内容不受影响。
- 复制帧：选择要复制的帧，从菜单中选择"复制帧"命令，然后用"粘贴帧"命令可以将其粘贴到新位置。按住【Alt】键，然后将选定的帧拖动到时间轴的其他位置也可复制此帧。
- 粘贴帧：选择一帧，然后选择"粘贴帧"命令，即可在此处插入已复制或剪切的帧。
- 清除帧：清除帧的内容，但不会影响其他帧的位置。
- 选择所有帧：选择整个区间的帧。
- 翻转帧：帧的翻转可将一段帧序列翻转过来，相当于影片特技中的"倒带"效果。

帧和关键帧必须被选中，才可以对它们进行编辑。要选择一个帧，单击即可，如果要选择多个帧，则分为如下 3 种情况：

- 如果这些帧恰好组成一个矩形，那么可以按住矩形左上角的帧，拖动到矩形的右下角并释放鼠标，或者单击选中左上角的帧，按住【Shift】键，再单击右下角的帧。
- 如果这些帧是不连续的，那么按住【Ctrl】键，再一个一个地单击需要选择的帧。
- 如果要选中所有的帧，那么可以通过"选择所有帧"命令将所有的帧选中。

3.4 认识元件、实例和库

元件是指在 Flash 中创建的图形、按钮或影片剪辑。元件只需创建一次，即可在整个文档或其他文档中重复使用。元件包含从其他应用程序中导入的插图。实例是指位于舞台上或嵌套在另一个元件内的元件副本，它可以与它的元件在颜色、大小和功能上有较大的差别。当元件被修改时，场景中的实例也将随着被更新。

元件总是放在 Flash 的库中，要使用或管理元件，都必须借助"库"面板来进行。用户可以在 Flash 影片之间将元件作为运行时或创作时的共享资源。使用元件可以加快影片在网络中的载入速度，因为同一个元件只被浏览器下载一次。如果用户将影片中的静态图形转换成元件，影片的大小就可以减小。

3.4.1 元件

在 Flash 8 中，每个元件都可以有自己的时间轴、场景和完整的图层。在创建元件时，可以根据需要选择元件类型，不同类型的元件将决定用户在影片中如何使用该元件。Flash 中的元件包括 3 种，即图形、按钮和影片剪辑。其特点如下：

- 图形元件：用于制作静态图像，以及附属于主影片时间轴的可重用动画片段。图形元件在操作上与影片的时间轴同步，且不能将交互式控制和声音用于图形元件动画序列。
- 按钮元件：用于创建响应鼠标单击、移动或其他动作的交互按钮。制作按钮时，应首先定义与各种按钮状态关联的图形，然后根据需要为按钮的实例分配动作。
- 影片剪辑元件：用来制作可重复使用的，独立于主影片时间轴的动画片段。影片剪辑可以包括交互式控制、声音，甚至其他影片剪辑实例，也可以将影片剪辑实例放在按钮元件的时间轴中，创建动画按钮。

元件是 Flash 中一种可重复使用的对象。创建新元件是指直接创建一个空白元件，然后进入元件编辑模式，创建和编辑元件的内容。下面通过创建一个简单的"人物"元件说明创建新元件的基本步骤。

【操作实例 3】创建元件。

目标：创建一个"人物"元件。

操作过程：

（1）选择"文件"→"新建"命令，新建一个 Flash 文档。

（2）选择"插入"→"新建元件"命令，打开"创建新元件"对话框，在"名称"文本框中输入新建元件名称"人物"，并在"类型"选项组中选择"图形"单选按钮，如图 3-32 所示。

（3）单击"确定"按钮，将自动切换到元件编辑模式下，这时元件的名称会出现在舞台的左上角，并在舞台上有一个十字表明该元件的注册点。

图 3-32　"创建新元件"对话框

（4）选择"文件"→"导入"→"导入到舞台"命令，在元件编辑模式下导入图 3-33 所示的图像，创建元件内容。

（5）单击舞台左上方的"返回"按钮↵或单击舞台左上方的场景名称按钮如 📄 场景1，返回到场景编辑模式。

（6）选择"窗口"→"库"命令，打开"库"面板，就会看到在库中增加了新创建的元件，如图 3-34 所示。

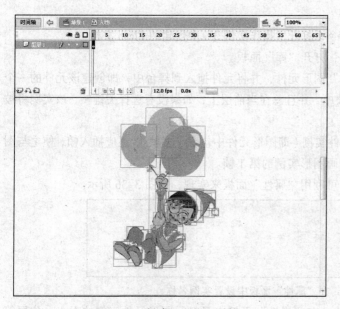

图 3-33　创建"人物"元件

图 3-34　"人物"图形元件已增加到"库"面板中

3.4.2　实例

用户在 Flash 中创建元件后，该元件并不能直接应用到场景中。若要将元件应用于舞台中，就需要创建其实例。创建实例就是将元件从"库"面板拖到舞台中，实例是元件在舞台中的具体体现。创建影片剪辑元件的实例与创建动态图形元件的实例不同。影片剪辑实例只需要一个关键帧就可以播放，而动态图形实例必须放在它要出现的每一帧中。

【操作实例4】创建实例。

目标：打开"操作实例3"中的"人物"元件，并创建图3-35所示的实例。

图 3-35　使用"库"面板在文档中创建实例

操作过程：

（1）选择"文件"→"打开"命令，打开"操作实例3"中创建的 Flash 文档。

（2）选择"窗口"→"库"命令，打开"库"面板。

（3）在"库"面板中选择"人物"图形元件，并将元件拖入到舞台中，即创建该元件的一个实例（Flash 只可以将实例放在关键帧中，并且总在当前层上，如果没有选择关键帧，该实例将被添加到当前层左侧的第 1 个关键帧上）。

（4）若创建的元件是动画图形元件实例（即图形元件中包含了多帧），还应插入帧，使之与图形元件的帧数一致，否则只能显示动画图形实例的第 1 帧。

（5）若要为实例指定实例名称，可利用"属性"面板来实现，如图 3-36 所示。

图 3-36　在"属性"面板中设置实例名称

图形元件实例不能命名实例名称，在"属性"面板中只显示图形元件实例的大小、位置等信息。

3.4.3　库

在 Flash 8 中，"库"面板存储了在 Flash 文档中创建的元件以及导入的文件，如视频剪辑、声音剪辑、位图和导入的矢量图形等。用户通过共享库资源，可以方便地在多个 Flash 影片中使用一个库中的资源，大大提高了动画的制作效率。

使用"窗口"→"库"命令可以调出"库"面板，如图 3-37 所示。在"库"面板的预览窗口中可以看到元件的预览图。要预览一个元件，只要单击选中该元件，即可在预览窗口中看到预览图像。

Flash 为用户提供了大量的元件，如各种按钮、类、学习交互等，用户可根据需要进行选择。

要使用公用元件库，可选择"窗口"→"公用库"菜单中的"按钮"、"类"或"学习交互"选项，打开公用元件库，如图 3-38 所示。在"库"面板中选择合适的元件后，将其拖放到场景中即可。

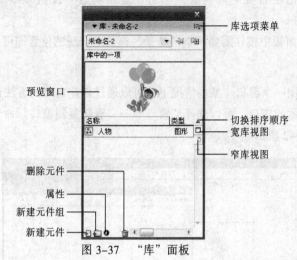

图 3-37　"库"面板　　　　　　　　　　　　图 3-38　打开公用元件库

3.5　管理场景

场景是 Flash 影片的一段，一个 Flash 影片由一个或多个场景构成，各个场景的图层是相互独立的。在 Flash 8 中，可以使用"场景"面板来管理各个场景。选择"窗口"→"其他面板"→"场景"命令打开"场景"面板，如图 3-39 所示。

文件发布后，如果文件中有多个场景，那么文件将按照场景次序来播放。在

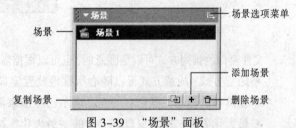

图 3-39　"场景"面板

设计的时候，可以看到每个场景的帧都是从 1 开始的，而在发布中，程序会将所有的帧串联在一起。例如：在设计的时候，场景 1 的帧编号是 1～55，场景 2 的帧编号是 1～30，那么在播放的时候场景 1 的帧编号是 1～55，而场景 2 的帧编号被调整到了 56～85。

1. 添加和切换场景

添加场景可以单击"场景"面板中的"添加场景"按钮 ，也可以选择"插入"→"场景"命令。

可以在"场景"面板中单击选中需要编辑的场景，即可切换到相应的场景，也可以选择"视图"→"转到"命令，并选择目标场景。

2. 命名场景

在"场景"面板中单击两次准备更名的场景名称标签，并输入新名称，如图 3-40 所示。

图 3-40　命名场景

3．删除和复制场景

- 删除场景：在"场景"面板中单击选中准备删除的场景，单击"删除场景"按钮 🗑 即可。
- 复制场景：在"场景"面板中单击准备复制的场景，单击"复制场景"按钮 🔁，输入新名称即可。
- 改变场景的播放次序：在"场景"面板中按住需要调整的场景，拖放到合适的位置即可。

4．建立和排列窗口

一般情况下，打开的每一个文件都占用一个窗口。某些情况下，可以通过新建窗口的方法让一个文件占有多个窗口。对于图 3-41 所示的窗口，可以选择"窗口"→"直接复制窗口"命令来创建新的窗口。创建窗口的效果如图 3-42 所示。

图 3-41　原来窗口　　　　　　　　　　图 3-42　新建窗口

文件窗口的排列方式可以是随意的，也可以根据需要进行特定的排列。排列的主要方式列举如下：

- 随意方式：随意方式可以随心所欲地放置窗口。要选择某个窗口，可以单击窗口的标题栏，该窗口的标题栏颜色将加亮，表示已经被激活，没有被激活的窗口标题栏颜色则比较淡。
- 最大化方式：单击窗口右上方的"最大化"按钮 🔲，可以将窗口最大化。
- 层叠方式：选择"窗口"→"层叠"命令，可将各个窗口进行图 3-43 所示的阶梯形排列。

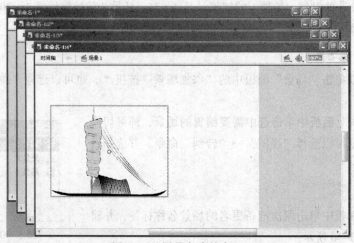

图 3-43　层叠方式的窗口

- 平铺方式：选择"窗口"→"平铺"命令，可将各个窗口调整成为一样的大小，如图 3-44 所示。

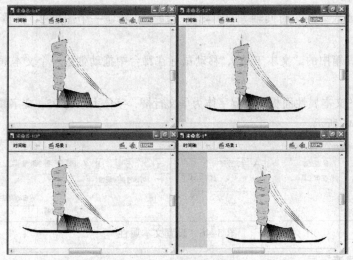

图 3-44 平铺方式的窗口

3.6 上机操作综合指导

【上机操作指导 1】

操作要求：在动画制作过程中常常用到一个特效，一束激光射到屏幕上，起到画笔的作用，在屏幕上写出各种各样的文字。使用遮罩功能可以实现这一特效。

操作过程：

第 1 步：建立 Flash 文档，导入一幅图片作为背景

（1）启动 Flash 8 软件，选择"文件"→"新建"命令，建立一个新的 Flash 文档。

（2）选择"文件"→"导入"→"导入到舞台"命令，打开"导入"对话框，在对话框中选择一幅图片，单击"打开"按钮即可将其导入到当前的 Flash 文档中，如图 3-45 所示。

图 3-45 导入一幅图片作为背景

（3）在时间轴的图层操作区中双击图层 1 的名称，然后输入新名称"背景"。

第 2 步：创建被遮罩层

（4）选择"插入"→"时间轴"→"图层"命令，新建一个图层 2，并重新命名为"被遮罩层"。

（5）选择工具箱中的"文本工具"，移动鼠标在舞台中拖动创建一个文本框，输入文字内容"LOVE"。

（6）在打开的文本属性面板中设置字体为华文行楷，字体大小为 95，文字颜色为黄色，样式为粗体，如图 3-46 所示。

图 3-46　设置文本属性

第 3 步：创建遮罩层

（7）选择"插入"→"时间轴"→"图层"命令，新建一个图层 3，并重新命名为"遮罩层"。

（8）使用"插入"→"时间轴"→"帧"命令，在每个图层的第 24 帧处插入一帧，扩展各图层的帧数，如图 3-47 所示。

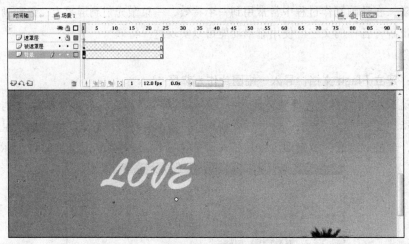

图 3-47　插入帧

（9）使用"刷子工具"，在"遮罩层"图层中绘制一个填充块，刚好遮盖住字母"L"的起笔，如图 3-48 所示。

（10）单击选中"遮罩层"图层的第 2 帧，右击并选择"转换为关键帧"命令，将该帧转换为关键帧。扩展该帧中的填充块如图 3-49 所示。

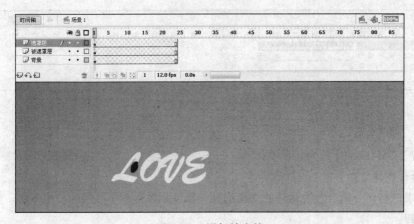

图 3-48 添加填充块

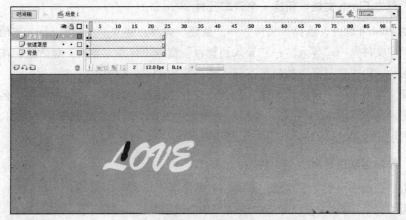

图 3-49 扩展填充块

（11）使用同样的方法完成填充块的拼制，拼制结果如图 3-50 所示。

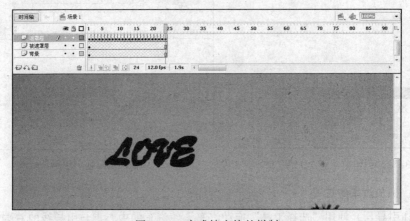

图 3-50 完成填充块的拼制

（12）右击"遮罩层"图层并选择"遮罩层"命令，如图 3-51 所示。

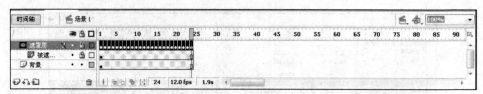

图 3-51　设置遮罩层

第 4 步：测试影片

（13）按【Ctrl+Enter】组合键测试影片。

【上机操作指导 2】

操作要求： 制作一辆沿曲线运动的汽车动画，熟练掌握运动引导层的使用方法。

操作过程：

第 1 步：建立 Flash 文档，新建一个汽车元件

（1）启动 Flash 8 软件，选择"文件"→"新建"命令，建立一个新的 Flash 文档。

（2）选择"文件"→"导入"→"导入到舞台"命令，打开"导入"对话框，在对话框中选择一幅汽车图片，单击"打开"按钮将其导入到当前的 Flash 文档中。

（3）选择"修改"→"转换为元件"命令，打开"转换为元件"对话框，在"名称"文本框中输入新建元件名称"汽车"，并在"类型"选项组中选择"图形"单选按钮，如图 3-52 所示。

（4）在图层 1 的第 35 帧处，按【F5】键插入帧。

第 2 步：添加运动引导层

（5）单击"添加引导层"按钮，添加一个引导层。

（6）使用"铅笔工具"，在引导层中绘制一条曲线，如图 3-53 所示。

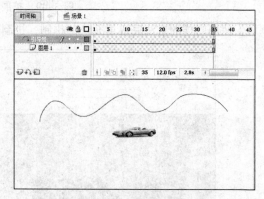

图 3-52　创建"汽车"元件　　　　　　图 3-53　画出引导线

第 3 步：拖放汽车的位置

（7）锁住引导层，使用"选择工具"拖动汽车，使汽车的中心点与引导线的右端重合。

（8）与引导线相比，汽车显得太大，可选中"任意变形工具"将汽车缩小。

（9）由于曲线的影响，调整汽车的头部将指向上方，使用任意变形工具进行调整，如图 3-54 所示。

（10）在图层 1 的第 35 帧处选择"插入"→"时间轴"→"关键帧"命令，添加一个关键帧。用选择工具将汽车拖动到引导线的左端点，并用变形工具调整车尾的方向，如图 3-55 所示。

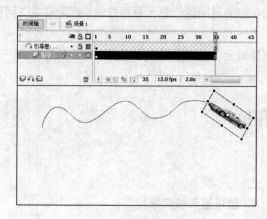

图 3-54　调整车头方向

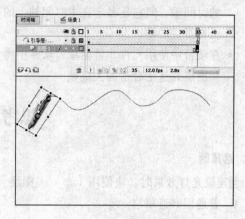

图 3-55　编辑终点帧

第 4 步：创建动画

（11）单击选中图层 1 的第 1 帧，在"属性"面板中将"补间"设置为"动画"，并选择"调整到路径"复选框，这样汽车就会沿着引导线方向运动，如图 3-56 所示。

图 3-56　设置帧属性

第 5 步：测试影片

（12）按【Ctrl+Enter】组合键测试影片。

小结与提高

- 在 Flash 中，除了一般图层外，还包括两种特殊的图层，即引导层和遮罩层。当标准图层与引导层关联后，标准图层就成为被引导图层；当标准图层与遮罩层关联后，标准图层就成为被遮罩图层。各种图层在时间轴的图层名称前由不同的图标表示。

- 在 Flash 中，系统引入了图层文件夹来更好地组织和管理图层。

- 元件是 Flash 中的结构基础，利用元件可以节省时间、减小文件、增加动画的灵活性。当用 ActionScript 控制元件的行为和显示时，元件被认为是面向对象设计环境中的对象。

- Flash 以元件来处理输入的声音、位图和视频资源，它们被放在库中，可以在 Flash 项目中使用这些资源的实例。

- 除了导入的资源外，在 Flash 中还可以建立 3 种元件：图形元件、影片剪辑元件和按钮元件。

- 影片剪辑元件和按钮元件具有可以独立于主时间轴播放的时间轴。虽然图形元件也有自己的时间轴，但它是绑定在主时间轴上的，在它的时间轴上每个可视的帧，都需要主时间轴上有对应的帧。
- 在项目中使用元件非常简单，从库中将资源或元件拖动到舞台上即可。通常最好准备一个新图层并选定合适的关键帧。

思考和练习

一、选择题

1. 创建聚光灯效果时，应使用（　　　）图层。
   - A. 普通层和遮罩层
   - B. 遮罩层和被遮罩层
   - C. 引导层和遮罩层
   - D. 遮罩层

2. 在遮罩层中，遮罩区域不能是（　　　）。
   - A. 渐变色
   - B. 完全透明
   - C. 无填充
   - D. 位图

3. 下列（　　　）元件不属于 Flash 8 公用库中的元素。
   - A. 按钮
   - B. 声音
   - C. 影片剪辑
   - D. 学习交互

4. 在 Flash 8 中，（　　　）元件是与影片的时间轴同步运行的。
   - A. 影片剪辑
   - B. 字体
   - C. 按钮
   - D. 图形

5. 要选择几个连续的图层或图层文件夹，可在按住（　　　）键的同时在时间轴中单击它们的名称。
   - A. Shift
   - B. Alt
   - C. Ctrl
   - D. Enter

二、填空题

1. 在 Flash 8 中，可以创建_____、_____和_____ 3 种基本类型的元件。

2. 要让对象沿着复杂的线路运动，可以使用_____。

3. _____是 Flash 8 中一种可重复使用的对象。

4. 在 Flash 8 中，可以创建 5 种类型的图层，即_____、_____、_____、_____和_____。

5. 在选取多个不连续的图层时，可以按住_____键的同时在"时间轴"面板中单击它们的名称。

三、简答题

1. 在 Flash 8 中可以创建哪些类型的元件？各元件的含义是什么？

2. 如何创建遮罩层？

3. 在 Flash 8 中，"库"面板中保存有导入到文档中的图像、声音、视频以及元件等项目，那么如何编辑这些库项目呢？

四、操作题

1. 在 Flash 8 中使用遮罩层创建一个文字扫描效果，如图 3-57 所示。

2. 在库中创建内容，包括视频、位图、文件夹、元件、字体等，如图 3-58 所示。

图 3-57　使用遮罩层创建动画　　　　　图 3-58　库中的内容

第 4 章 Flash 文本操作

学习目标

☑ 了解"时间轴"面板

☑ 了解 Flash 文本区域类型

☑ 熟悉如何创建文本

☑ 熟悉对创建的文本区域属性进行设置

☑ 掌握如何编辑文本，并能够制作特效文字

4.1 创 建 文 本

在 Flash 中可以按多种方式在项目中加入文本。通常一个 Flash 项目包含几种不同的文本类型，每种类型都适用于特定的文字内容。本章将详细阐述创建文本区域和编辑文本类型的方法，这里首先从总体上介绍 Flash 中使用的 3 种主要的文本区域类型。

* 静态文本：静态文本区域用于显示影片中不作任何变化的文字。文本内容在运行时不会发生改变，静态文本可以创建超链接，并且选择目标窗口。

* 动态文本：动态文本区域用于显示影片中会被更新的文字。该内容可以来自于即时数据源、动态更新的文本，如体育比分、气温、物价等。

* 输入文本：输入文本区域用于在运行时由用户输入文本，它可用于任何需要用户输入的时候，如输入密码或者回答问题等。

4.1.1 文本类型

通常使用工具箱中"文本工具"来创建文本框，然后输入内容或者更改类型。在 Flash 中首次创建文本框时，默认的文本类型是静态的，但可以在"属性"面板中更改文本的类型。图 4-1 所示为在工具箱中选择"文本工具"时，"属性"面板中显示的基本控制选项。

图 4-1 文本工具"属性"面板

1. 静态文本框

虽然静态文本框这个名词听起来局限性很大，但实际上这种文本框可以满足创作时的大部分需求。对静态文本框可以进行缩放、旋转、移动或者扭曲，可以在保持单个可编辑字符不变的情况下为它们指定不同的颜色和 Alpha 效果。和 Flash 中的其他图形元素一样，也可以让静态文本实现动画或者分层。

在默认的情况下静态文本框是水平的。它们可以是可扩展的，就是在同一行内持续输入文字时文本框会自动扩展以适应文本长度；也可以是固定宽度的，也就是强制性为文本框设置固定宽度，自动调整文字间距来适应文本框宽度，当选择"文本工具"后，单击文本框时，这两种类型的文本框看起来是完全相同的，但如果双击之后就会看出文本框的控制手柄图标不同，表明了文本框的当前行为。图 4-2 所示分别为可扩展的（标签）和固定宽度的（块）水平静态文本的图标。在方形控制手柄图标上双击即可将块文本框转换为标签文本框——图标变为圆角，表明文本框的宽度不再固定，而是可扩展的。

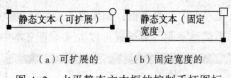

（a）可扩展的　　　（b）固定宽度的

图 4-2　水平静态文本框的控制手柄图标

2. 动态文本和输入文本

动态文本区域是在运行时生成或者编辑的，所以在创作时对文本外观的控制程度就有限制，不能在动态文本区域上直接应用特殊格式或者进行形状修改（如扭曲或自动间距调整）。

在创作时，动态文本和输入文本可以是水平的，宽度可以是固定或可扩展的，但是不能用垂直文本选项来旋转或修改它们。图 4-3 所示为动态文本区域或输入文本区域在未选中时的显示状态和双击文本时的控制手柄图标。

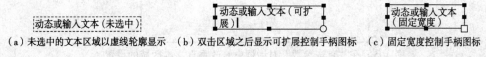

（a）未选中的文本区域以虚线轮廓显示　　（b）双击区域之后显示可扩展控制手柄图标　　（c）固定宽度控制手柄图标

图 4-3　动态或输入文本

4.1.2　设置垂直文本的首选参数

在 Flash 中还添加了从左向右或从右向左阅读的垂直文本框选项。以前如果想要垂直排列一行文本字符，需要很麻烦地逐个调整字母，现在有了垂直文本选项，可以轻松地将版式从水平排列变成垂直排列，每个字母可以叠放或者旋转过来。利用菜单中的简单命令，就可以将文本在水平和垂直方向之间来回转换，这样就避免了输入文本时需要把头侧过来阅读的问题，也无须手动调整字母的方向。图 4-4 所示为如何利用垂直文本选项改变静态文本的方向。

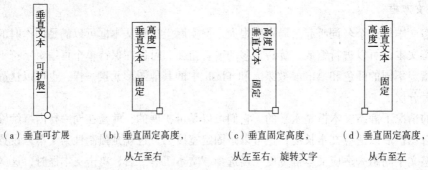

（a）垂直可扩展　　（b）垂直固定高度，　　（c）垂直固定高度，　　（d）垂直固定高度，
　　　　　　　　　　　　从左至右　　　　　　　从左至右，旋转文字　　　从右至左

图 4-4　垂直文本框的方向

虽然 Flash 中默认的文字方向是从左至右水平排列，但是可以修改这个默认设置。方法是选择"编辑"→"首选参数"命令，打开 Flash 中的"首选参数"对话框，选择"类别"选项卡中的"文本"选项，修改垂直文本区域的设置，如图 4-5 所示。如果想使所有新建的静态文本框都自动垂直排列，则选择"默认文本方向"复选框；如果要改变默认的文字方向，选择"从右至左的文本流向"复选框；则选择"不调整字距"复选框可以去除垂直文本中自动调整文字间距的功能。

图 4-5　在"首选参数"对话框中修改垂直文本区域的设置

4.1.3　创建文本

要在 Flash 文档中创建文本，在工具箱中选择"文本工具"即可。在 Flash 文档窗口中创建文本有两种方法：

- 标签文本：在文档窗口中单击然后开始输入，即可在一个可扩展的文本框中输入文本。要控制标签文本的宽度，可以在输入的时候用【Enter】键换行，或者将标签文本转换为块文本，方法是拖动圆形控制手柄图标到某一固定宽度，当控制手柄图标变为方形表明文本框宽度已经固定。
- 块文本：在文档窗口中单击并拖动文本框直到要求的宽度，这样就为文本区域定义了固定的宽度，当输入文字过多时就会自动调整文字间距。可以随时双击块文本然后拖动方形的控制手柄图标来调整文本框的宽度。

Flash 文本工具的特点之一就是不包含任何内容的静态文本框能够自动从舞台中清除，一旦静态文本框包含甚至只有 1 个字符，它都将存在于舞台上，直到被手动删除或移走。

【操作实例 1】创建文本。

目标：使用"文本工具"创建图 4-6 所示的垂直旋转并按从右到左顺序显示的文本字段。

操作过程：

（1）启动 Flash 8 程序，选择"文件"→"新建"命令，建立一个新的 Flash 文档。

（2）选择工具箱中的"文本工具"，在打开的文本工具"属性"面板的文本类型下拉列表框中选择"静态文本"选项，并设置文本的字体为宋体，字体大小为 20，文本颜色为蓝色，文本样式为粗体，如图 4-7 所示。

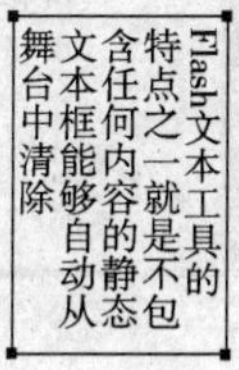

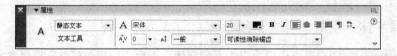

图 4-6　创建文本字段

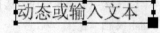

图 4-7　文本工具"属性"面板

（3）在舞台上拖动出一个文本框，输入图 4-6 所示的文字内容。

（4）在文本工具"属性"面板中单击"改变文字方向"按钮，在弹出的列表中选择"垂直从右向左"选项，并单击"旋转"按钮改变文字的方向。

（5）此时文本框中的文字将显示为垂直旋转，并按从右向左的顺序显示。

4.1.4　创建滚动文本

在创作时，如果动态文本或输入文本需要使用多行文本区域，但是空间有限，则可以使用"文本"→"可滚动"命令将文本区域设置为可滚动，这样文本就可以延伸到文本框或可视区域以外。图 4-8 所示为动态文本区域或者输入文本区域在设置成可滚动状态时的控制手柄图标。文本区域是多行的并且文字超出区域的边框（需要滚动），方形的控制手柄图标从空心、白色变成实心、黑色。

动态或输入文本

图 4-8　可滚动状态

4.2　设置文本属性

文本工具在工具箱中没有选项，因为文本控制选项已经全部集成到了"属性"面板中。所有的 Flash 文本都是用"文本工具"在文本框中创建的，但是文本框创建完成后，可以使用"属性"面板为文本设置不同的属性。只有在激活"文本工具"或者使用"选择工具"选中文本框时，"属性"面板中的文本控制选项才可见。在处理文本时，可以使用"属性"面板来修改字体和段落的属性，如图 4-9 所示。

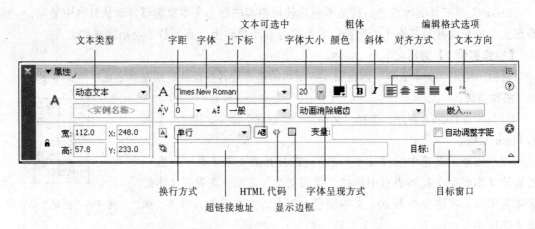

图 4-9　文本工具"属性"面板

4.2.1　选择字体、点数、样式和颜色

在创建文本框时，用户可以设置选定文本的字体、点数、样式和颜色。设置文本颜色时，只能使用纯色，不能使用渐变色。若要向文本应用渐变色，必须将该文本转换为线条和填充图形。

设置文本的属性时，可先在工具箱中选择"文本工具"，然后在文本工具"属性"面板中单击"字体"下拉按钮，在弹出的下拉列表框中选择某一种字体，这样以后创建的文本将使用此字体；用户可以在"字体大小"文本框中输入字体的大小或者单击旁边的▪按钮，然后拖动滑块设置字体的大小数值；单击"文本颜色"按钮，在弹出的调色板中可以选择文本颜色。若要对文本应用粗体或斜体样式，可单击"粗体"按钮 **B** 和"斜体"按钮 *I*。

【操作实例 2】文本框的字体、点数、样式和颜色的设置。

目标：创建图 4-10 所示的文本内容。

操作过程：

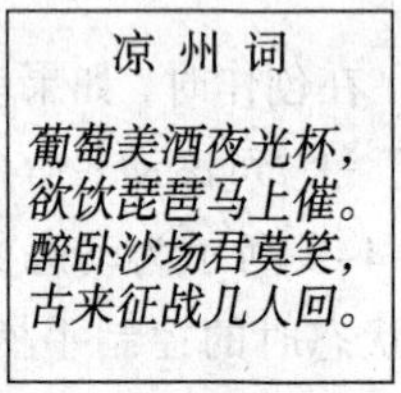

（1）启动 Flash 8 程序，选择"文件"→"新建"命令，建立一个新的 Flash 文档。

（2）选择工具箱中的"文本工具"，在舞台中单击，创建一个可扩展的文本框。

> 凉 州 词
>
> 葡萄美酒夜光杯，
> 欲饮琵琶马上催。
> 醉卧沙场君莫笑，
> 古来征战几人回。

图 4-10　创建文本内容

（3）在文本框中依次输入图 4-10 所示的文字内容。

（4）选择工具箱中的"选择工具"，在文档中选中所有文字内容，在打开的文本工具"属性"面板的"文字类型"下拉列表框中选择"静态文本"选项。

（5）选择诗词的标题"凉州词"，打开"属性"面板，在"字体"下拉列表框中选择"隶书"选项，在"字体大小"文本框中输入数值 36，单击"文本颜色"按钮，在弹出的调色板中选择红色，单击"粗体"按钮。

（6）选择诗词的正文，在打开的"属性"面板中使用同样的方法，设置正文的字体为宋体，字体大小为 25，字体颜色为蓝色，样式为粗体和斜体。

（7）文字格式设置完毕后，选择所有文字内容，单击文本工具"属性"面板中的"居中对齐"按钮，设置所有文字居中对齐。

4.2.2　设置字符间距、字距微调和字符位置

在 Flash 8 中，设置字符间距将调整选定字符或整个文本框的间距，字符间距值的调整范围是-60～60 磅。字距微调控制字符之间的距离，若要使用字体的内置字距微调信息，可以在选中文本框后在文本工具"属性"面板中选择"自动调整字距"复选框。对于水平文本，间距和字距微调设置字符间的水平距离；对于垂直文本，间距和字距微调设置字符间的垂直距离。

在文本工具"属性"面板中的"字符位置"下拉列表框中包括"一般"、"上标"和"下标"3 种字符位置，其设置效果如图 4-11 所示。用户可以在选择字符后，在"属性"面板的"字符位置"下拉列表框中选择需要的选项。

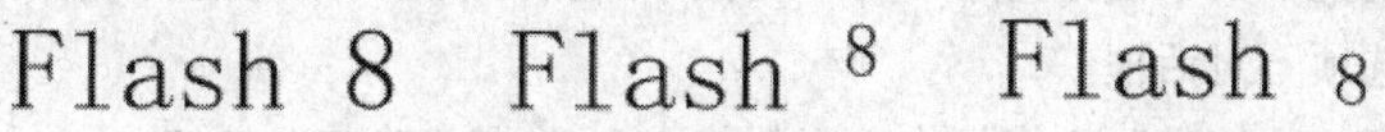

Flash 8　Flash ⁸　Flash ₈

（a）一般　　　　　（b）上标　　　　　（c）下标

图 4-11　3 种字符位置

4.2.3　设置对齐、边距、缩进和行距

对齐方式确定了段落中每行文本相对于文本框边缘的位置。文本的对齐方式有如下 4 种：

▤左/顶端对齐：这是经常使用的方式，所有行的左端在同一条垂直线上。

▤居中对齐：所有行的中心在同一条垂直线上。

▤右/底端对齐：所有行的右端在同一条垂直线上。

▤两端对齐：所有行的左端和右端在同一条垂直线上。

各种效果如图 4-12 所示。

边距确定了文本框的边框和文本段落之间的间隔。缩进确定了段落边界和首行开头之间的距离。用户要设置文本的边距、缩进和行距，可先选择需要设置的段落或文本框，然后在文本工具"属性"面板中单击"编辑格式选项"按钮，打开图 4-13 所示的"格式选项"对话框，在其中进行设置即可。

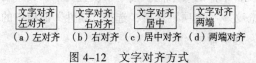

（a）左对齐　（b）右对齐　（c）居中对齐　（d）两端对齐

图 4-12　文字对齐方式　　　　　　图 4-13　"格式选项"对话框

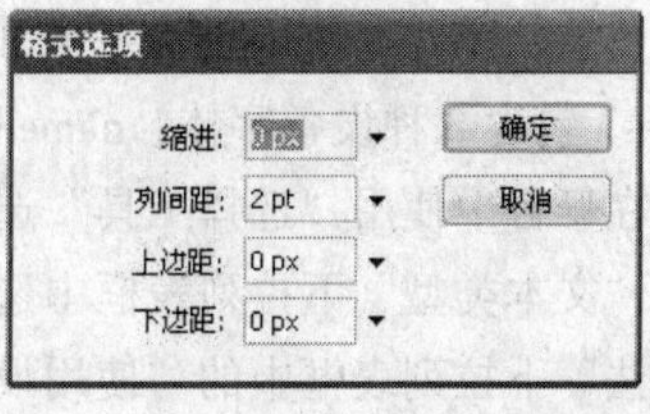

在"格式选项"对话框中，各项功能如下：

- 缩进：用来设置文本的缩进值。具体是左缩进还是右缩进，取决于文本流向是从左向右还是从右向左。

- 行（列）间距：用来设置文本的列距大小。

- 左（上）边距和右（下）边距：用来设置文本的边距大小。

【操作实例 3】使用文本工具创建图 4-14 所示的文本内容。

目标：设置文本段落第一行文字的缩进值为 30，整个文本段落的行距值为 12。

操作过程：

（1）启动 Flash 8 程序，选择"文件"→"新建"命令，建立一个新的 Flash 文档。

（2）选择工具箱中的"文本工具"，在舞台中单击，创建一个可扩展的文本框，输入图 4-14 所示的文本内容。

（3）拖动鼠标，在文档中选中所有文本内容，在打开的文本工具"属性"面板的"文字类型"下拉列表框中选择"静态文本"选项。设置文字的字体为"隶书"，字体大小为 18，字体颜色为蓝色，样式为粗体。

（4）将光标放置在文字段落的第一行，在文本工具"属性"面板上单击"编辑格式选项"按钮，打开"格式选项"对话框。

（5）在对话框的"缩进"文本框中输入数值 30，单击"确定"按钮。

（6）再次选中所有的文本，打开"格式选项"对话框，在"行距"文本框中输入数值 12，单击"确定"按钮，效果如图 4-14 所示。

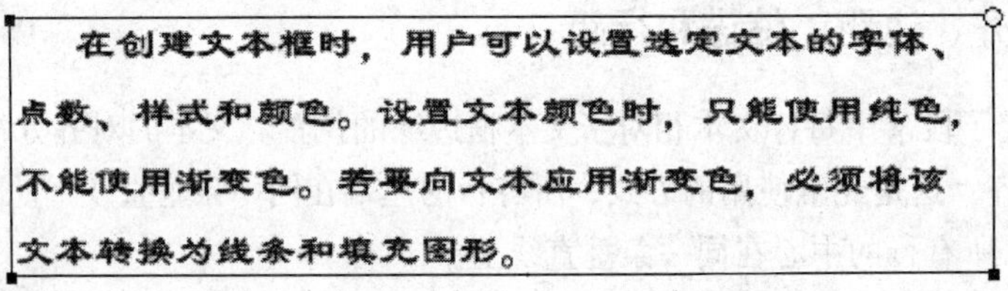

图 4-14　创建文本内容

4.2.4　使用设备字体

在 Flash 影片中使用安装在系统中的字体时，在 Flash 中嵌入的字体信息将保存在 SWF 文件中，以确保这些字体能在 Flash 播放时完全显示出来。但不是所有显示在 Flash 中的字体都能与影片一起输出。在 Flash 中，可以使用设备字体解决上述问题。设备字体不能嵌入到 Flash 的 SWF 文件中，Flash 播放器可以使用与设备字体相接近的任何一种字体与它匹配。由于动画中未包含设备字体信息，因此，使用设备字体可以缩小 Flash 影片的大小。

Flash 包含 3 种设备字体：named_sans、_serif 和_typewriter。若在文档中使用设备字体显示文本，应在舞台中使用"选择工具"选择使用设备字体的文本框。接下来设置文本工具"属性"面板，在"文本类型"下拉列表框中选择"静态文本"选项。然后，选择"属性"面板中的"字体呈现方法"下拉列表框中的"使用设备字体"选项即可。

4.2.5　设置动态文本选项和输入文本选项

如果输入的是动态文本或输入文本，文本只能呈水平排列，其"属性"面板如图 4-15 所示。除可利用"属性"面板设置文本的字体、尺寸、颜色、字形、字符位置、格式外，还可设置一些其他属性。

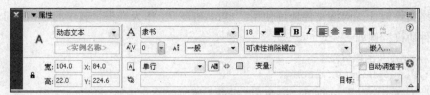

（a）动态文本

（b）输入文本

图 4-15　动态文本与输入文本的"属性"面板

选择动态文本及输入文本后，其"属性"面板中各设置项功能如下：

- "实例名称"文本框 <实例名称> ：用来设置该文本字段的实例名称，方便以后在脚本中调用。
- "线条类型"下拉列表框 单行 ：用来设置文本在文本框中显示的模式。选择"多行"选项，表示输出时文本以多行显示；选择"单行"选项，表示输出时文本以单行显示；选择"多行不换行"选项，则以多行显示文本，只在最后一个字符是换行字符（如按【Enter】键）时才换行。
- "将文本呈现为 HTML"按钮 ：可以保留丰富的文本格式，如字体和超链接，并带有相应的 HTML 标记。
- "目标"下拉列表框 目标 ：当在链接输入框中输入 URL 地址后，此下拉列表框才可用，利用它可以为加载的 URL 选择目的地。
- "在文本周围显示边框"按钮 ：单击该按钮，系统在显示动画时将为所选文本增加一个边框。
- "可选"按钮 ：可使文字成为可选择项目，即浏览者在观看动画时可选择其中的文字。
- "变量"文本框：用来输入该文本字段的变量名称。
- "嵌入"按钮：单击该按钮，可以打开"字符嵌入"对话框，用户可以选择嵌入字体轮廓的字符，如图 4-16 所示。

对于动态文本或输入文本而言，有两点值得注意：

- 文本在编辑状态下的显示和在输出时的显示是不一样的。
- 如果动画中包含了动态文本或输入文本，则只能在输出的影片中才能进行测试，因此此时只能选择"控制"→"测试影片"命令来测试影片。

图 4-16　"字符嵌入"对话框

4.2.6　将文本链接到 URL

对于水平文本，可以进行超链接。图 4-17 所示为一个超链接的建立。要建立超链接，首先选中要进行超链接的文本，在"属性"面板中填写 URL。URL 可以是以下内容之一：

- 本机文件地址。本机文件地址使用 "File://" 作为开头，例如：

```
File://C:/Flash/Flash.txt
```

- 网络文件地址。网络文件地址使用 "<Protocol>://" 作为开头，其中的<Protocol>是传输的文件协议，例如：

```
ftp://ftp.pku.edu.cn
http://www.zhuquesky.com
```

- 邮件发送。邮件发送使用 "mailto:" 开头，例如：

```
mailto:mosy@zhuquesky.com
```

可以看到链接成功的文本出现下画线，这时可以选择目标窗口。

图 4-17　将文本链接到 URL

4.3　编 辑 文 本

在 Flash 8 中，用户可使用多种字处理技术来编辑文本。例如，可使用剪切、复制、粘贴命令移动或复制文本，还可以对创建的文本进行变形和分离等操作。

1. 选择文本

编辑文本或更改文本属性时，必须先选择要更改的字符。如果要选择文本框中的字符，可以先选择工具箱中的"文本工具"，然后单击并拖动选择字符或双击选择一句；如果要选择整个文本框，可以选取工具箱中的"选择工具"，然后单击文本框；如果要选择多个文本框，可以用"选择工具"框选一组文本框，或按住【Shift】键单击选择多个文本框。

2. 编辑文本

对 Flash 中的文本框进行编辑时，用户可以随时修改已输入的文本内容或者修改其属性。要修改文本的内容，只需在文本框中双击即可，此时即进入文本编辑状态。要更改文本的属性，可先选中文本，然后通过"属性"面板进行操作。

3. 变形文本

在 Flash 中，用户可以方便地利用工具箱中的"任意变形工具"，或者选择"修改"→"变形"菜单中的命令对文本框进行缩放、旋转、倾斜和翻转等操作，如图 4-18 所示。当对文本框进行缩放时，文本磅值的增减不会显示在"属性"面板中。

此外，已变形的文本框仍然可以编辑，尽管经过严重的变形后，可能文本已变得难以阅读。

图 4-18　任意变形的文本

4. 分离文本

Flash 8 中，用户可以对文本框进行分离，使其成为单个的字符或填充图形，从而轻松地制作出每个字符的动画或特殊的文字效果。一旦文本被分离为填充图形，就不再具有文本的属性，而具有填充图形的属性。只有静态文本才能被分离。

【操作实例 4】 分离文本。

目标：将图 4-19 所示的文本内容分别分离为单个字符。

操作过程：

（1）启动 Flash 8 程序，选择"文件"→"新建"命令，建立一个新的 Flash 文档。

（2）选择工具箱中的"文本工具"，在舞台中单击，创建一个文本框。输入图 4-19 所示的文本内容"分离文本"。

（3）选中文本内容，选择"修改"→"分离"命令，此时选定的文本中的每个字符都被放置在一个单独的文本框中，如图 4-20 所示。

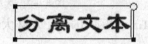

图 4-19　创建文本内容　　　　　　　　图 4-20　将文本分离为单个字符

但是，此时用户只能对各文本框进行自由变换、编辑等操作，仍无法像处理图形那样，对其进行各种变形。

如果希望将文字转换为图形，可再次选择"修改"→"分离"命令，此时舞台中选中的字符将被转换为填充图形。当用户使用"选择工具"选中文本时会发现，文本上出现了一些细小的白点，这表明该文本已被转换为填充图形。在打开的"属性"面板中显示的是形状信息，如图 4-21 所示。

图 4-21　将文本分离为填充图形

5. 改变分离后文本的形状

将文本分离为填充图形后，可以很方便地改变其形状，如图 4-22 所示。在改变分离后文本的形状时，用户可以使用"选择工具" ▶、"部分选取工具" ▷ 进行操作。

在使用"选择工具"修改分离后文本的形状时，可以在未选中分离文本的情况下，将鼠标指针移动到文本区域，当光标发生改变时按住鼠标左键拖动，即可改变分离文本的形状。

FLASH 8

FLASH 8

图 4-22　改变分离后文本的形状

在使用"部分选取工具"对分离文本进行修改时，可先使用"部分选取工具"选中要修改的分离文本使其显示出节点，然后选中某个节点进行拖动或调整其曲线调整柄即可。

6. 填充文本

将文本分离为填充图形后，可以很方便地为其设置填充效果，对其应用纯色填充、位图填充、线性填充等，使文字产生特殊的效果。

要设置文本的填充效果，可以先将需要进行填充效果设置的文本进行分离，使其成为填充图形，然后在"混色器"面板中选择需要的填充方式，对文本框进行填充即可。

【操作实例 5】填充位图。

目标：在 Flash 8 中新建一个文档，输入文本内容并在文本中设置如图 4-23 所示的位图填充效果。

操作过程：

（1）启动 Flash 8 程序，选择"文件"→"新建"命令，建立一个新的 Flash 文档。

（2）选择工具箱中的"文本工具"，在舞台中单击，创建一个文本框。输入图 4-23 所示的文字内容"FLASH"。

图 4-23　使用位图填充文字

（3）在打开的文本工具"属性"面板中设置字体为 Times New Roman，字体大小为 60，文字颜色为黑色，样式为粗体。

（4）选中文本内容，选择两次"修改"→"分离"命令，将文本分离为填充图形。

（5）选择"窗口"→"混色器"命令，在打开的"混色器"面板的"类型"下拉列表框中选择"位图"选项，打开图 4-24 所示的"导入到库"对话框。

（6）在对话框中选择一个图片文件，单击"打开"按钮将其导入。此时在"混色器"面板的列表框中选择刚刚导入的位图图像作为文本的填充即可，如图 4-25 所示。

图 4-24　"导入到库"对话框　　　　　　图 4-25　选择位图文件填充

4.4　制作特效文字

4.4.1　五彩字

用户在 Flash 中输入文本后，可以为文本设置多彩的效果。若要设置文本的多彩效果，要先将文本分离为填充图形，再用"混色器"面板为图形填充颜色。

【操作实例 6】制作五彩字。

目标：在 Flash 8 中新建一个文档，输入文本内容并在文本中设置图 4-26 所示的多彩文本效果。

操作过程：

（1）启动 Flash 8 程序，选择"文件"→"新建"命令，建立一个新的 Flash 文档。

（2）选择工具箱中的"文本工具"，在舞台中单击，创建一个文本框。输入图 4-26 所示的文字内容"五彩字"。

（3）在打开的文本工具"属性"面板中设置字体为隶书，字体大小为 70，文字颜色为黑色，样式为粗体，并选择"自动调整字距"复选框。

（4）选中文本内容，选择两次"修改"→"分离"命令，将文本分离为填充图形。

（5）选择"窗口"→"混色器"命令，在打开的"混色器"面板的"类型"下拉列表框中选择"线性"选项。

（6）在"混色器"面板中设置各种颜色，如图 4-27 所示。

图 4-26　五彩字效果　　　　　　　　图 4-27　配置渐变颜色

4.4.2　空心字

用户在 Flash 中输入文本后，可以为文本设置空心效果。在设置文本的空心效果时，可先将文本分离为填充图形，然后使用"墨水瓶工具"在文本上单击，为其添加轮廓线，最后将文本填充删除，只保留轮廓线。

【操作实例 7】制作空心字。

目标：在 Flash 8 中新建一个文档，输入文本内容并设置图 4-28 所示的空心文本效果。

操作过程：

（1）启动 Flash 8 程序，选择"文件"→"新建"命令，建立一个新的 Flash 文档。

（2）选择工具箱中的"文本工具"，创建一个文本框，输入文本"Flash"。

（3）在打开的文本工具"属性"面板中设置字体为 Arial Black，字体大小为 70，文字颜色为黑色，样式为粗体，并选择"自动调整字距"复选框。

（4）选中文本内容，选择两次"修改"→"分离"命令，将文本分离为填充图形。

（5）在工具箱中选择"墨水瓶工具"，在其"属性"面板中设置轮廓线的笔触颜色为红色，笔触高度为 5，笔触样式为实线。

（6）依次在每个分离文本上单击，为其添加轮廓线，如图 4-29 所示。

图 4-28　空心字效果 　　　　　　　　　　图 4-29　为分离文本添加轮廓线

（7）在工具箱中选择"选择工具"，依次选中每个分离文本的填充内容，按【Delete】键将其删除，即可得到空心文本的效果。

4.4.3　阴影字

在 Flash 中可以利用变形文本设置阴影字效果。

【操作实例 8】制作阴影字。

目标：在 Flash 8 中新建一个文档，输入文本内容并在文本中设置图 4-30 所示的阴影字效果。

图 4-30　阴影字效果

操作过程：

（1）启动 Flash 8 程序，选择"文件"→"新建"命令，建立一个新的 Flash 文档。

（2）选择工具箱中的"文本工具"，创建一个文本框，输入文本"Flash 8"。

（3）在打开的文本工具"属性"面板中设置字体为 Arial Black，字体大小为 60，文字颜色为蓝色，样式为粗体。

（4）在工具箱中选择"选择工具"，选中文本框，选择"编辑"→"复制"命令，然后选择"编辑"→"粘贴"命令，在舞台上复制一个相同的文本框，如图 4-31 所示。

（5）在打开的文本工具"属性"面板中设置文字颜色为灰色。选择工具箱中的"任意变形工具"，为复制的文本改变形状，并调整到适当的位置，如图 4-32 所示。

图 4-31　复制文本框 　　　　　图 4-32　改变复制的文本形状并调整到适当位置

（6）选中复制文本，选择"修改"→"时间轴"→"分散到图层"命令，将复制的文本置于下一层，形成阴影效果。

4.4.4　立体字

在 Flash 中用户还可以为输入的文本设置立体效果。

【操作实例 9】制作立体字。

目标：在 Flash 8 中新建一个文档，输入文本内容并在文本中设置图 4-33 所示的立体文本效果。

操作过程：

（1）启动 Flash 8 程序，选择"文件"→"新建"命令，建立一个新的 Flash 文档。

图 4-33　立体字效果

（2）选择工具箱中的"文本工具"，创建一个文本框，输入文本"F"。在打开的文本工具"属性"面板中设置字体为 Arial Black，字体大小为 96，文字颜色为黑色。

（3）选中文本内容，选择两次"修改"→"分离"命令，将文本分离为填充图形。

（4）在工具箱中选择"墨水瓶工具"，在墨水瓶工具"属性"面板中设置轮廓线的笔触颜色为红色，笔触高度为 2，笔触样式为实线。

（5）在分离文本上单击，为其添加轮廓线。

（6）在工具箱中选择"选择工具"，选中分离文本的填充内容，按【Delete】键将其删除，即可得到空心文本效果。

（7）按【Ctrl+A】组合键将所有描边线条全部选中，然后使用"选择工具"，按住【Ctrl】键的同时按住线条进行拖动，即可复制线条。

（8）单击背景任何一处，即可解除线条的选中状态，得到图 4-34 所示的两个 F。

（9）选择"线条工具"，根据图 4-35 所示连结两个 F 的对应顶点。

图 4-34　得到两个 F

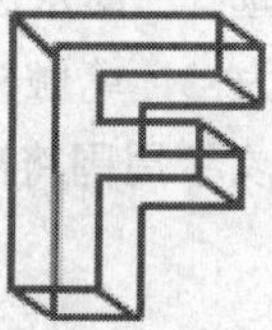

图 4-35　连结对应顶点

（10）删除理论上不可见的线段，得到立体字的雏形，如图 4-36 所示。

（11）为立体字的各个平面填充颜色，如图 4-37 所示。

图 4-36　立体字雏形

图 4-37　为立体字平面填充颜色

（12）在工具箱中选择"选择工具"，双击描边线条的任意一处，即可将所有的描边线条选中，并按【Delete】键将其删除，即可得到立体字的文本效果。

4.5　上机操作综合指导

【上机操作指导 1】

操作要求：此实例的目的是实现带荧光的文字效果，在制作过程中主要使用了渐变填充等工具，通过简简单单的几样工具便制作出了漂亮的文字特效。难点在于图形、色彩编辑的技巧和填充工具的使用。通过对文字边框进行柔化处理，产生具有霓虹灯效果的荧光文字。最终播放效果如图 4-38 所示。要实现这一效果，具体制作过程如下：

图 4-38　荧光文字效果

操作过程：

第 1 步：利用文本工具创建文本

（1）新建一个文档，在"属性"面板中设置尺寸为 480px×150px，选择一种颜色（本例为 #FFFFFF）作为背景色。

（2）从工具箱中选择"文本工具"，在"属性"面板中设置字体为 Verdana，字体大小为 60，样式为粗体、倾斜，在舞台上输入文本"FLASH"。

第 2 步：分离文本创建空心文本

（3）在工具箱中选择"选择工具"，将文本移动到舞台中间。选择两次"修改"→"分离"命令，将文本分离为填充图形，如图 4-39 所示。

（4）在工具箱中选择"墨水瓶工具"，在墨水瓶工具"属性"面板中设置轮廓线的笔触颜色为 #FF00CC，笔触高度为 3，笔触样式为实线。将鼠标移动到舞台中，鼠标光标变成墨水瓶形状，依次单击文字边框，文字周围将出现明粉色边框。按【Delete】键删除填充区域，效果如图 4-40 所示。

图 4-39　分离后的文本　　　　　　　　　图 4-40　空心文本

第 3 步：柔化填充边缘

（5）在工具箱中单击"选择工具"，按住【Shift】键，依次双击每个字母外的粉色边框，将其全部选中，选择"修改"→"形状"→"将线条转换为填充"命令，粉色边框被转换为可填充区域。

（6）选择"修改"→"形状"→"柔化填充边缘"命令，打开"柔化填充边缘"对话框，进行图 4-41 所示的参数设置，单击"确定"按钮，关闭对话框。

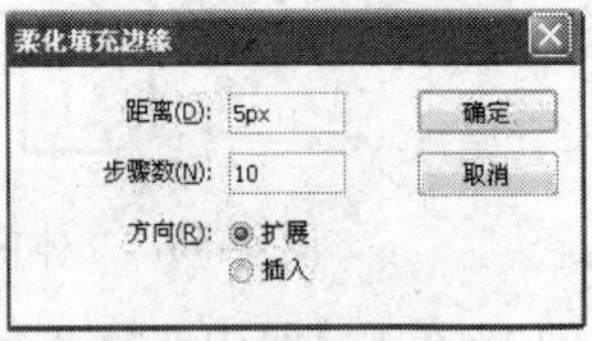

（7）选择工具箱中的"选择工具"，在舞台的空白处单击，取消对文本边框的选择。这时可以看到，粉色边框两边出现了模糊渐变。保存文档。

图 4-41　"柔化填充边缘"对话框

第 4 步：测试影片

（8）按【Ctrl+Enter】组合键预览最终效果，就可以看见漂亮的荧光文字效果。

【上机操作指导 2】

操作要求：利用"文本工具"、"颜料桶工具"、"填充变形工具"
等制作图 4-42 所示的变形文字。

操作过程：

第 1 步：利用文本工具创建文本

（1）启动 Flash 8 程序，选择"文件"→"新建"命令，建立一个新
的 Flash 文档。

图 4-42　变形文字效果

（2）选择工具箱中的"文本工具"，在打开的文本工具"属性"面板中设置字体为 Arial Black，
字体大小为 96，加粗，文字颜色为蓝色。输入文本"OK"。

第 2 步：分离文本，改变文本形状

（3）使用"选择工具"选中文本内容，选择两次"修改"
→"分离"命令，将文本分离为填充图形，效果如图 4-43 所示。

图 4-43　分离后的文本

（4）使用"部分选取工具"单击文字边缘，并拖动节点改
变文字形状，效果如图 4-44 所示。

（5）使用"选择工具"单击文字的边缘并拖动，将文字边缘由直线变为曲线，效果如图 4-45
所示。

图 4-44　改变文字形状　　　　　　　　　图 4-45　将文字边缘由直线变为曲线

第 3 步：为文本填充颜色

（6）选择"颜料桶工具"，并设置颜色为"放射渐变"，然后单击文字进行填充，效果如图 4-46
所示。

第 4 步：为填充后的文本调整渐变填充

（7）选择"填充变形工具"，单击填充后的文字，利用渐变控制圆圈调整渐变填充，效果如
图 4-47 所示。

图 4-46　为文字填充颜色　　　　　　　　图 4-47　改变文字的填充颜色

（8）调整完后，可以看到图 4-42 所示文字效果。

【上机操作指导3】

操作要求：此实例实现的是制作蓝底的金属字效果，在制作过程中主要使用了"渐变填充工具"等，通过简简单单几样工具便创造出了漂亮的金属效果。其难点在于图形、色彩编辑的技巧和填充工具的使用。最终效果如图 4-48 所示。要实现这一效果，具体制作过程如下：

图 4-48　金属字效果

操作过程：

第 1 步：利用文本工具创建文本

（1）新建一个文档，在"属性"面板中设置尺寸为 500px×400px，选择一种颜色（本例为#003399）作为背景色。

（2）从工具箱中选择"文本工具"，在"属性"面板中设置字体为 Arial Black，字体大小为 96，文本颜色为 #3399FF，在舞台上输入文本"Chrome"，如图 4-49 所示。

图 4-49　输入文字

第 2 步：分离文本创建 Chrome 元件

（3）使用"选择工具"选中文本内容，选择两次"修改"→"分离"命令，将文本分离为填充图形，如图 4-50 所示。

图 4-50　分离后的文字效果

（4）在工具箱中选择"墨水瓶工具"，在墨水瓶工具"属性"面板中设置轮廓线的笔触颜色为黑色，笔触高度为 4，笔触样式为实线。将鼠标指针移动到舞台中，鼠标光标变成墨水瓶形状，用依次单击文字边框，文字周围将出现黑色边框。效果如图 4-51 所示。

图 4-51 为文字添加边框

（5）在工具箱中选择"选择工具"，按住【Shift】键选中文字中蓝色的部分，选择"修改"→"转换为元件"命令，或直接按【F8】键，打开"转换为元件"对话框，将选中的区域转换为图形元件，并为其命名为 Chrome，如图 4-52 所示。

图 4-52 将文字转换为图形元件

第 3 步：创建 border 元件

（6）按【Delete】键，将刚生成的 Chrome 图形元件删掉，这时将只剩下黑色的轮廓线条，效果如图 4-53 所示。

图 4-53 删除 Chrome 元件后的文字效果

（7）选择"编辑"→"全选"命令或直接按【Ctrl+A】组合键，选中所有轮廓线条。然后选择"修改"→"形状"→"将线条转换为填充"命令，将轮廓线条轮换为填充格式，线条转填充后的效果如图 4-54 所示。

图 4-54 线条转填充后的效果

（8）单击或直接按【K】键从工具箱中选择"颜料桶工具"。将填充色设定为黑白渐变填充，然后使用"颜料桶工具"进行填充，得到黑白的渐变效果，如图 4-55 所示。

（9）选择"修改"→"转换为元件"命令，或直接按【F8】键，打开"转换为元件"对话框，将绘制好的渐变边框转化为图形元件，并为其命名为 border。

图 4-55　填充后的效果

第 4 步：编辑 Chrome 图形元件

（10）单击"编辑元件"按钮，从弹出的下拉列表中选择 Chrome 图形元件，进入编辑 Chrome 元件的状态。然后选择"窗口"→"混色器"或直接按【Shift+F9】组合键，打开"混色器"面板。将填充方式设定为"线型渐变"填充方式，在下面的渐变色条上加上 5 个色彩指针。5 个指针的颜色从左到右的依次为：#CCCCCC、#FFFFFF、#999999、#CCCCCC 和 #FFFFFF，如图 4-56 所示。

（11）为 Chrome 元件中的文字应用新调好的渐变色，如图 4-57 所示。

（12）回到主场景，并选择"窗口"→"库"命令，或直接按【Ctrl+L】组合键，打开"库"面板，将库中的 Chrome 元件拖到舞台上，创建 Chrome 图形元件的实例，并与已存在的边框对齐，选择"修改"→"组合"命令或直接按【Ctrl+G】组合键，将边框和文字内容组成群组。

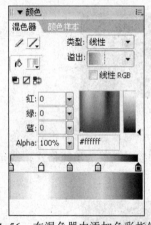

图 4-56　在混色器中添加色彩指针　　　图 4-57　应用渐变色后的文字效果

第 5 步：测试影片

（13）按【Ctrl+Enter】组合键预览最终效果，就可以看见漂亮的金属文字效果。

【上机操作指导 4】

操作要求：此实例实现的是文字在水波中飘荡的效果。在制作过程中巧妙运用遮罩技术来产生一些特别的视觉效果。整个影片除去一个黑色背景之外只需要 3 个图层：用来遮罩的"遮罩文字"层；被遮罩的"遮罩"层和用来显示前景文字的"前景文字"层。只是在制作过程中应注意不能用较粗的字体，因为选择较粗的字体效果不太明显，最终效果如图 4-58 所示。要实现这一效果，其操作步骤如下：

图 4-58　水飘字效果

操作过程：

第 1 步：制作元件

（1）新建一个文档，在"属性"面板中设置尺寸为 500px×400px，选择一种颜色（本例为#000000）作为背景色。选择"插入"→"新建元件"命令，或直接按【Ctrl+F8】组合键，打开"创建新元件"对话框，新建一图形元件，并命名为"文字"，如图 4-59 所示。在"文字"符号的场景中输入"水飘文字"。通过"属性"面板，设置文本的字体为宋体，大小为 80，颜色为#FF8C40，当然，这些都可以根据需要自行设置。

（2）制作"遮罩"层。新建一图形元件，命名为"遮罩条"，进入图形元件"遮罩条"的编辑状态，打开"混色器"面板，并进行图 4-60 所示的设置，即中间白两边黑的效果，"混色器"面板如图 4-60 所示。

图 4-59　"创建新元件"对话框　　　　图 4-60　混色器设置

（3）用"矩形工具"拖动出一个宽为 50px、高为 100px 的矩形，然后复制并粘贴这个矩形，并使它们连续排列，"遮罩条"最终设置如图 4-61（黑色区域为场景，以下同）所示。

图 4-61　"遮罩条"最终效果

第 2 步：制作场景

（4）回到主场景，新建两个图层，并分别命名为"前景文字"和"遮罩文字"，并把"图层 1"层重命名为"遮罩"，调整图层的排列顺序，这时时间轴窗口如图 4-62 所示。

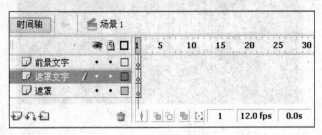

图 4-62　时间轴窗口

（5）选择"窗口"→"库"命令或直接按【Ctrl+L】组合键，打开"库"面板，把"文字"符号拖动到"前景文字"层中，创建相应的实例，并调整到适当的位置。接着选中文字按【Ctrl+C】组合键复制，并按【Ctrl+Shift+V】组合键原位复制到"遮罩文字"层中。

（6）锁住两个文字层，然后把库中的"遮罩条"符号拖动到"遮罩"层中，创建一个实例，并调整到适当的位置。效果如图 4-63 所示。

图 4-63　调整"遮罩条"的位置

（7）按住鼠标左键连续单击"前景文字"层、"遮罩文字"层、"遮罩"层的第 60 帧，按【F5】键插入帧。接着选中"遮罩"层的第 60 帧，按【F6】键插入关键帧。右击"遮罩"层的第 1 帧，在弹出的快捷菜单中选择"创建补间动画"命令。接着把"遮罩"层第 60 帧中的"遮罩"往左移动，如图 4-64 所示。例中"水"字的左面一横在"遮罩"图层中的第 1 帧、第 60 帧中应该对应在矩形遮罩亮度相同的地方。这样做是为了让影片看上去不抖动，使播放较为流畅。

图 4-64　移动"遮罩条"的位置

（8）右击"遮罩文字"层并选择"遮罩层"命令。打开"前景文字"层的锁，选中层中的文字，分别按一下小键盘中的方向键【←】和【↓】。这样做是让"前景文字"层中的文字发生偏移，以便露出一点隐藏在它下面的遮罩运动。

第 3 步：测试影片

（9）按【Ctrl+Enter】组合键预览最终效果，就可以看见漂亮的水飘文字效果。

【上机操作指导 5】

操作要求：此实例实现的是文字从舞台的右侧缓缓进入，到达舞台合适位置时自动消失的滚动字幕效果。在制作过程中巧妙运用遮罩技术来产生一些特别的视觉效果，如图 4-65 所示。要实现这一效果，其操作步骤如下：

图 4-65　滚动字幕效果

操作过程：

第 1 步：制作背景

（1）新建一个文档，在"属性"面板中设置尺寸为 500px×400px，在时间轴中将图层 1 重命名为"背景"，如图 4-66 所示。

（2）选择"文件"→"导入"→"导入到舞台"命令，找到事先准备好的图片，将其导入到舞台，并调整到适合舞台大小。此时背景层已经完成，将其加锁。

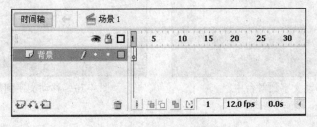

图 4-66　修改图层名称

第 2 步：制作运动文本

（3）新建图层 2，命名为"文字"。此时时间轴如图 4-67 所示。

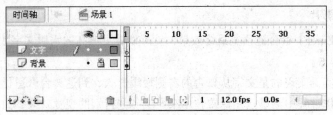

图 4-67　建立文字图层

（4）从工具箱中选择"文本工具"，在"属性"面板中设置字体为隶书，字体大小为 30，文本颜色为 # FFFF00，在舞台上输入文本，选择工具箱中的"选择工具"，选中文字后把它移至舞台的右侧，如图 4-68 所示。

图 4-68　建立文字

（5）在背景层第 168 帧处右击并选择"插入帧"命令。在文字层第 84 帧右击并插入关键帧。把舞台上的文字移到舞台中，移动文字的同时按住【Shift】键可以水平移动。此时舞台上显示如图 4-69 所示。

（6）选择文字层 1～84 帧之间任意一帧，右击并选择"创建补间动画"命令，创建补间动画。在该层第 168 帧右击并插入关键帧。把文字继续向左移（要同时按住【Shift】键来拖动文字，注意和前一位置的关系，文字整体应在前一位置的左侧）至图 4-70 所示位置，在 84～168 帧之间任意一帧，右击并创建补间动画。此时时间轴如图 4-71 所示。

图 4-69　移动文字到舞台中

图 4-70　移动文字到舞台最左面

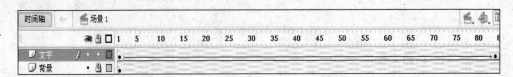

图 4-71　创建补间动画后的时间轴

第 3 步：制作遮罩层

（7）把文字层加锁，新建图层 3，命名为"遮罩"。选择工具箱中的"矩形工具"，将笔触颜色设为无，填充色为任意色，在舞台上绘制矩形，矩形的大小应和文字整体大小相同，可以先在舞台右侧文字上绘制矩形，然后把其移到舞台中，如图 4-72 所示。

（8）选择遮罩层，右击并选择"遮罩层"命令（见图 4-73），创建遮罩层效果。

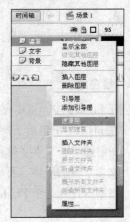

图 4-72　创建遮罩矩形块　　　　　　　　　　图 4-73　创建遮罩层

第 4 步：测试影片

（9）按【Ctrl+Enter】组合键预览最终效果，就可以看到滚动字幕文字效果。

小结与提高

- Flash 8 提供了强大并且组织有序的文本编辑功能，但是只有在对基本的知识熟悉以后才能充分利用这些工具。
- Flash 8 将文本控制选项都集成到了"属性"面板中，相对于以前的版本，文本处理的工作可以进行得更加直观和顺畅。
- Flash 8 提供了 3 种可以用于交互式项目的文本类型：静态文本、动态文本和输入文本。
- 为了最小化文件尺寸以及在发布的 Flash 影片（.swf）中动态控制文本，可以使用通用设备字体，Flash Player 会在用户系统中自动选取字体。
- 使用"分离"命令可以将文本框中的一行文本打散成单个字符，在同一文本框中两次应用"分离"命令可以将文本轮廓转换成矢量形状。
- 在不影响对文本区域内容进行编辑和对控制最终效果的设置进行修改等选项的前提下，可以通过时间轴效果为文本增加视觉兴趣点。

思考和练习

一、选择题

1. 在"属性"面板中，不能设置文本的（　　　）。

　A. 动作　　　　　　　B. 字号　　　　　　　C. 字体　　　　　　　D. 颜色

2. 为文本设置超链接时，如果要在同一个窗口中打开网页，目标窗口应该设置为（　　　）。

　A. _top　　　　　　　B. _blank　　　　　　C. _parent　　　　　　D. _self

3. 将文本链接到 URL 只能适用于（　　　）。

 A. 垂直文本   B. 水平文本   C. 动态文本   D. 输入文本

4. 在 Flash 8 中，要填充文本框中的文字，必须将文本框（　　　）。

 A. 组合   B. 分离   C. 转换为元件   D. 变形

5. 下列操作中，能够直接应用于文本的操作是（　　　）。

 A. 优化   B. 扩散填充   C. 对齐   D. 填充

二、填空题

1. 在 Flash 8 中，可以创建＿＿＿＿＿、＿＿＿＿＿、＿＿＿＿＿ 3 种文本框。

2. 在 Flash 8 中包括 3 种设备字体，分别是＿＿＿＿＿、＿＿＿＿＿和＿＿＿＿＿。

3. 在创建动态文本字段和输入文本字段时，如果按住【Shift】键的同时双击动态文本字段和输入文本字段的手柄，可以创建＿＿＿＿＿。

4. 当用户打开一个 Flash 影片时，如果当前系统中没有包含影片中所需要的字体，这时可以使用＿＿＿＿＿对话框，为缺少的字体选择替换字体。

5. Flash 的＿＿＿＿＿功能使得计算机可以清晰地显示小文字。

三、简答题

1. 在 Flash 8 中，用户可以创建哪 3 种类型的文本字段？其主要区别在哪里？

2. 在 Flash 8 中，怎样将字体填充成放射状？

3. 在创建文本时，如何使新文本框自动垂直排列？

四、操作题

1. 在 Flash 8 文档中创建图 4-48 所示的文本框。

2. 在 Flash 8 文档中创建图 4-49 所示的放射状填充文字。

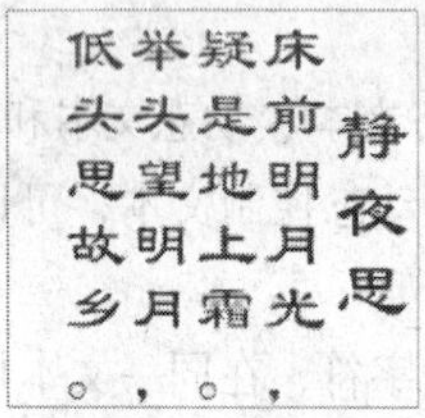

图 4-48　文本框    图 4-49　放射状填充文字

第 **5** 章 | 导入图形图像和视频

学习目标

☑ 了解矢量图形和位图

☑ 掌握如何导入图形图像

☑ 掌握如何编辑导入的位图图像

☑ 掌握如何导入视频文件

5.1 导入图形图像

虽然 Flash 为创建和修改多种图形提供了强有力的工具,但用户不必将自己限制在 Flash 的创作环境中,因为 Flash 还具有导入文件的能力,而且对文件的来源限制很少。用户既可以导入矢量图形也可以导入位图图像,并且可以以多种方式使用这两种类型的图形。

5.1.1 矢量图形和位图图像

矢量图形文件由描述位置的点和在这些点之间连线的方程组成。Flash 是基于矢量的应用程序,因此使用 Flash 的绘图工具创建的任何图形都是以矢量格式来表示的。矢量图形主要的优点是文件尺寸比较小并且图形可以无变形地精确缩放。然而,它们也有一些缺点,高度复杂的矢量图形使得文件尺寸变得很大,而且在建立连续的色调、照片或者艺术作品时矢量图并不是很合适。

位图文件以独立的像素排列来描述,这些像素映射在带有小方格的坐标纸的栅格中。每个方格表示一个像素,每个像素都分配了特定的颜色值,所以位图图形映射了屏幕上每个像素的位置和颜色。直线是通过填充每个像素绘制出来的,并不像矢量图形那样通过使用数学公式连接两个点来绘制。

矢量图形在放大后图形不会发生变化,和矢量图形不同的是,位图图像在图形的尺寸放大时变形很厉害,如图 5-1 和图 5-2 所示。简单的位图图像经常比简单的矢量图形要大,但复杂的位图图像(如照片)常常比复杂程度相当的矢量图形要小,并显示出较好的效果。在 Flash 项目中尽可能地使用可缩放的、节省带宽的矢量图形(除非要求使用照片或照片质量和连续色调图形的情况)。

图 5-1　矢量图放大　　　　　　　图 5-2　位图放大

5.1.2　可以导入 Flash 中的文件格式

　　在 Flash 中，用户可以导入不同的矢量或位图文件格式，这取决于系统中是否安装了 Quick Time 4 或其更高版本的软件。将 Flash 与 Quick Time 4 配合使用，可以使设计者既能使用 Windows 操作系统，也能使用 Macintosh 操作系统。

　　无论用户在系统中是否安装了 Quick Time 4，表 5-1 中列举的矢量或位图文件格式都可以导入到 Flash 中。只有安装了 Quick Time 4 或更高版本的软件后，表 5-2 中列举的矢量或位图文件格式才可导入到 Flash 中。

表 5-1　在不安装 Quick Time 4 时即可以导入的图形图像格式

文 件 类 型	扩 展 名	Windows 操作系统	Macintosh 操作系统
位图	.bmp	√	√
增强的 Windows 元文件	.emf	√	√
Adobe Illustrator	.eps、.ai	√	√
AutoCAD DXF	.dxf	√	√
FreeHand	.fh7、.fh8、.fh9、.fh10、.fh11	√	√
FutureSplash 播放文件	.spl	√	√
PICT	.pct、.pic	√	√
PNG	.png	√	√
GIF 和 GIF 动画	.gif	√	√
JPEG	.jpg	√	√
Flash Player 6	.swf	√	√
Windows 元文件	.wmf	√	

表 5-2　在已安装 Quick Time 4 时才可以导入的图形图像格式

文 件 类 型	扩 展 名	Windows 系统	Macintosh 操作系统
PICT	.pct、.pic	√（作为位图）	
QuickTime 图像	.qtif	√	√
MacPaint	.pntg	√	√
Photoshop	.psd	√	√
TIFF	.tif	√	√
TGA	.tga	√	√
Silicon 图形图像	.sgi	√	√

5.1.3　导入图形图像的方式

在 Flash 8 中，用户可以从其他应用程序中复制并粘贴图形到 Flash 文档窗口中，也可以直接导入各种资源到 Flash 库中，还可以直接从一个 Flash 库或文档窗口拖到另一个 Flash 库或文档窗口。要求导入 Flash 的文件大小不得小于 2px×2px。

在 Flash 8 中将位图图像和矢量图形导入舞台，可以选择"文件"→"导入"→"导入到舞台"命令，打开图 5-3 所示的"导入"对话框，选择需要导入的图形文件后，单击"打开"按钮即可将其导入到当前的 Flash 文档中，如图 5-4 所示。

图 5-3　"导入"对话框

图 5-4　导入的位图图像

在 Flash 8 中，用户将图像导入到"库"面板并不影响舞台中的内容显示，导入的图像只出现在"库"面板中。选择"文件"→"导入"→"导入到库"命令，打开"导入到库"对话框。在打开的对话框中选择要导入到"库"面板中的一个或多个图像，单击"打开"按钮即可将选中的图像导入到"库"面板中。选择"窗口"→"库"命令，在打开的"库"面板中可以看到导入图像的缩小图像，如图 5-5 所示。

当向舞台中导入图像时，如果在相同的存储位置有一个图像序列，且这些图像的文件名末尾都有一个数字序号，Flash 将提示用户将文件作为序列导入，如图 5-6 所示。如果需要就在对话框中单击"是"按钮，Flash 将在时间轴上连续的帧中导入所有文件，并将它们按照数字序列排列，否则，单击"否"按钮，则只有选取的单个文件放到舞台中。

图 5-5　"库"面板

图 5-6　是否导入序列中的所有图像提示框

尽管使用"导入到库"对话框时没有序列导入这一选项，但仍可以通过手工操作同时导入多个图像。要想同时导入多个文件到 Flash 中，在"导入"对话框的文件列表窗口中按住【Shift】键并单击选择多个有顺序关系的文件或按住【Ctrl】键并单击选择没有顺序关系的多个文件。

在 Flash 中还可以使用剪贴板将位图导入到舞台。具体过程如下：

（1）从另一个图像编辑程序中将位图复制到剪贴板。大多数程序都支持【Ctrl+C】快捷键。

（2）返回到 Flash 中，确定存在没有被锁定的层可以粘贴复制位图。

（3）通过选择"编辑"→"粘贴"命令或按【Ctrl+V】组合键将位图粘贴到舞台上。

【操作实例 1】导入图像。

目标：在 Flash 中新建一个文档，导入图像，效果如图 5-7 所示。

操作过程：

（1）启动 Flash 8 程序，选择"文件"→"新建"命令，建立一个新的 Flash 文档。

图 5-7　在文档中导入图像

（2）选择"文件"→"导入"→"导入到舞台"命令，打开"导入"对话框，在对话框中选择一幅图像，单击"打开"按钮即可将其导入到当前的 Flash 文档中。

（3）使用同样的方法在文档中导入其他图像素材，拖动鼠标将其移动到适当的位置，效果如图 5-7 所示。

5.1.4　导入图形图像的规则

Flash 8 能够识别多种矢量图形和位图图像，但导入的文件格式不同，需要设置的选项也不同。

Fireworks 提供了最灵活的文件格式来导入到 Flash 中。Fireworks PNG 文件既可以作为不分层的图像，也可以作为可编辑对象导入到 Flash 中。在导入 Fireworks PNG 文件时将打开"Fireworks PNG 导入设置"对话框，如图 5-8 所示，选中"作为单个扁平化的位图导入"复选框则将导入的 PNG 文件合并为单一的位图图像（当利用剪贴板导入 PNG 文件时，导入的文件被转换为位图）。将 PNG 文件作为可编辑对象导入时，可保留文件中矢量图形的矢量格式，并可以选择保留图像、文本和辅助线设置。

在所有将矢量图形导入 Flash 的应用软件中，FreeHand 是最具兼容性的一个。当导入 FreeHand 文件时，除了可以保留图层和文件素描外，还可以保留库元件和页码，也可以选择导入特定范围的页，如图 5-9 所示。

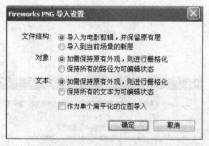

图 5-8　"Fireworks PNG 导入设置"对话框

图 5-9　"FreeHand 导入"对话框

SWF 和 Windows 元文件格式（WMF）文件的矢量图形可以直接导入到 Flash 文档中，并作为当前层中的一个组。

利用拖放方法导入位图图像时，系统将不再保留位图文件的透明度设置。因此，为了保留位图文件的透明度设置，应选择"文件"→"导入"命令。

5.2　编辑导入的位图图像

对于导入的位图图像，用户可以设置压缩、反锯齿等属性，从而控制位图的大小和外观；可以将导入的位图作为填充图像应用到对象中；还可以在 Flash 中启动 Fireworks 或其他外部图像编辑器来编辑导入的位图。

5.2.1　使用属性面板编辑位图

用户在舞台上选择导入的位图后，在打开的位图"属性"面板中就会显示该位图的元件名及其像素尺寸和在舞台上的位置，如图 5-10 所示。

- 在"宽"和"高"文本框中，可以设置图像的大小。
- 在"X"和"Y"文本框中，可以设置图像的位置。
- 单击"交换"按钮，可打开"交换位图"对话框，用户可以用当前文档中的其他位图实例来替换选中的位图实例，如图 5-11 所示。

图 5-10　位图"属性"面板　　　　　　图 5-11　"交换位图"对话框

- 在"属性"面板中单击"编辑"按钮，可以打开一个关联的外部图像编辑器来编辑图像。

5.2.2　设置位图属性

在 Flash 中对于导入的位图图像，用户可以通过改变其属性，来控制导入位图的质量。用户如果要设置位图图像的属性，可以在"库"面板中位图图像的名称处右击并选择"属性"命令，如图 5-12 所示。也可在选择位图图像后，单击"库"面板底部的"属性"按钮 ❶，此时打开如图 5-13 所示的"位图属性"对话框，在该对话框中用户可以设置以下选项功能：

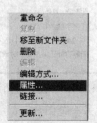

图 5-12　位图图像快捷菜单　　　　　　图 5-13　"位图属性"对话框

- 在"位图属性"对话框第一行的文本框中显示的是位图图像的名称，用户可在该文本框中更改名称。
- 在名称的下面列出了导入图像的源文件路径、尺寸和日期信息。
- "更新"按钮：该属性能够当位图在 Flash 之外被改变时再次导入位图或按用户的设置对位图图像进行更新。
- "导入"按钮：该按钮将打开"位图导入"对话框，当使用该按钮时，新的位图将替换当前位图，并保持原始文件名和在 Flash 中的所有修改。
- "测试"按钮：该选项更新在"位图属性"对话框的底部显示的压缩信息，使用它可以比较压缩文件的大小和源文件的大小。
- "允许平滑"（消除锯齿）复选框：选择该复选框 Flash 会试着平滑图像。
- "压缩"下拉列表框：该压缩设置能够压缩位图。选择"照片（JPEG）"选项，可以以 JPEG 格式压缩图像，此选项对于很复杂的位图图像很合适（如照片）；选择"无损（PNG/GIF）"选项，可以使用无损压缩格式压缩图像，这样不会丢失任何数据。
- 在使用 JPEG 格式压缩图像时，若要将其指定为图像导入时的默认压缩品质，需选择"使用文档默认品质"复选框；若要指定新的压缩品质，则应取消选择"使用文档默认品质"复选框，这时在该复选框的下方将出现一个"品质"文本框，在文本框中输入压缩品质即可。在该文本框中用户可以输入 1～100 之间的任意值，值越大图像越完整，同时产生的文件也就越大。

【操作实例 2】交换图像位置。

目标：打开"操作实例 1"导入图像的文档。交换两个图像的位置，并设置所有图片的图像品质，如图 5-14 所示。

操作过程：

（1）启动 Flash 8 程序，打开"操作实例 1"导入图像的文档。

（2）选择"窗口"→"库"命令，打开"库"面板，在面板中位图图像的名称处右击并选择"属性"命令。

（3）此时打开"位图属性"对话框，在"压缩"下拉列表框中选择"照片（JPEG）"选项，取消选择"使用文档默认品质"复选框，在"品质"文本框中输入数值 90，如图 5-15 所示。

图 5-14　交换图像位置

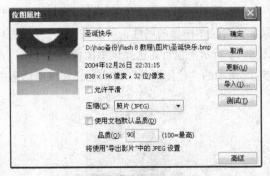

图 5-15　设置位图属性

（4）设置完毕后单击"确定"按钮，使用同样方法设置另一个图片。

（5）在文档中选择"圣诞快乐"图片，在打开的"属性"面板中单击"交换"按钮，打开"交换位图"对话框。

（6）在对话框中选择"圣诞老人"图片，单击"确定"按钮即可。然后使用同样的方法交换另一幅图片。

5.2.3　应用位图填充

在 Flash 8 中，用户可以使用"混色器"面板将位图作为填充图案应用到图形对象中。

【操作实例 3】使用位图填充图形。

目标：熟悉用位图填充图形，效果如图 5-16 所示。

操作过程：

（1）启动 Flash 8 程序，选择"文件"→"新建"命令，建立一个新的 Flash 文档。

图 5-16　位图填充后的图形

（2）选择工具箱中的"椭圆工具"，在打开的椭圆工具"属性"面板中设置圆形的笔触颜色为红色、填充颜色为透明色。

（3）选择"窗口"→"混色器"命令，打开"混色器"面板。

（4）在"混色器"面板的"填充样式"下拉列表框中选择"位图"选项，此时打开图 5-17 所示的"导入到库"对话框，选择一个图像文件，单击"打开"按钮。

（5）此时，在"混色器"面板的列表框中将显示导入的位图文件，如图 5-18 所示。然后，在舞台上绘制一个圆（按住【Shift】键），效果如图 5-16 所示。

图 5-17　"导入到库"对话框

图 5-18　选择需要填充的位图

5.2.4　在外部编辑器中编辑位图

如果用户的系统上安装了 Fireworks MX、FreeHand 等图像编辑应用程序，就可以从 Flash 中启动这些应用程序来编辑导入的位图图像。

用户要使用 Fireworks 编辑位图图像，可以在"库"面板中右击要编辑的位图图像，在弹出的快捷菜单中选择"编辑方式"命令，在打开的"选择外部编辑器"对话框中选择 Fireworks.exe 文件来编辑位图，如图 5-19 所示。单击"打开"按钮即可启动 Fireworks，接着弹出"查找源"

对话框，指定打开位图文件的路径，如图 5-20 所示。然后，进入到 Fireworks 中对文件进行编辑修改，如图 5-21 所示。修改完毕后，单击"完成"按钮，在 Flash 文档中的图像将会自动更新。

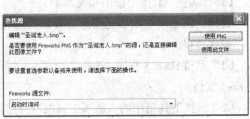

图 5-19　"选择外部编辑器"对话框　　　　图 5-20　"查找源"对话框

图 5-21　在 Fireworks 中编辑图像

5.3　导入视频文件

Flash 8 允许用户使用几种不同的方法将视频融入 Flash 影片，具体取决于要传送的视频内容的类型及要使用的应用程序。将视频内容融入 Flash 的方法：渐进式下载视频、使用 Flash Communication Server 建立流视频、SWF 文件中嵌入视频、链接的 QuickTime 视频。

5.3.1　视频导入文件格式

对于使用 Windows 操作系统的用户来说，如果安装了 QuickTime 4 或 DirectX 7（或更高版本），则可以导入多种文件格式的视频剪辑，包括 MOV（QuickTime 影片）、AVI（音频视频交叉文件）和 MPG/MPEG（运动图像专家组文件）。

如果系统安装了 QuickTime 4，则导入嵌入视频时支持表 5-3 所示的视频文件格式；如果系统安装了 DirectX 7 或更高版本，则导入嵌入视频时支持表 5-4 所示的视频文件格式。

表 5-3　安装了 QuickTime 4 后可以导入的嵌入视频文件格式

文 件 类 型	扩 展 名	Windows 系统	Macintosh 操作系统
音频视频交叉文件	.avi	√	√
QuickTime 影片	.mov	√	√
运动图像专家组	.mpg、.mpeg	√	√
数字视频	.dv	√	√

表 5-4　安装了 DirectX 7 后可以导入的嵌入视频文件格式

文 件 类 型	扩 展 名	Windows 系统
音频视频交叉文件	.avi	√
Windows 媒体文件	.wmv、.asf	√
运动图像专家组	.mpg、.mpeg	√

默认情况下，Flash 使用 On2 VP 6 编解码器导入和导出视频。编解码器是一种压缩/ 解压缩算法，用于控制多媒体文件在编码期间的压缩方式和回放期间的解压缩方式。

5.3.2　将视频剪辑导入为嵌入文件

嵌入的视频允许将视频文件嵌入到 SWF 文件。使用这种方法导入视频时，该视频放置于时间轴中可以看到时间轴帧所表示的各个视频帧的位置。与导入的位图或矢量插图文件一样，嵌入的视频文件也将成为 Flash 文档的一部分。在使用嵌入的视频创建 SWF 文件时，视频剪辑的帧频必须和 SWF 文件的帧频相同。如果对 SWF 和嵌入的影片剪辑使用不同的帧频，则回放时将会不一致。如果需要使用可变的帧频，请使用渐进式下载或 Flash Communication Server 作为传送选项来导入视频。

要以嵌入方式导入视频，可以选择"文件"→"导入"→"导入视频"命令，打开"导入视频"对话框，选择要导入的视频文件后，选择"在 SWF 中嵌入视频并在时间轴上播放"选项单击"下一步"按钮，此时系统会打开"导入视频设置"对话框，如图 5-22 所示。该对话框中各设置项的意义如下：

- 品质：设置导入视频文件的品质。
- 关键帧间隔：设置导入时关键帧（包含完整的视频信息）的时间间隔。
- 调整视频大小：设置视频文件的尺寸。
- 帧频：如果选择"与源相同"选项，表示将调整导入的视频文件的帧频，使其与主影片的帧频同步。

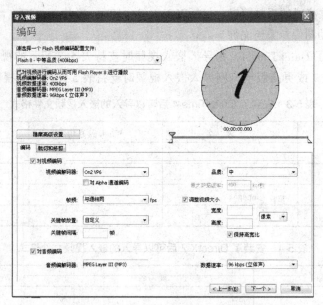

图 5-22　"导入视频设置"对话框

设置完成后，单击"完成"按钮，即可导入视频。

提示：

- 在某些情况下，Flash 只能导入视频而无法同时导入音频。例如，借助 QuickTime 导入 MPG/MPEG 文件时，就无法导入音频。
- 重要的音频应发布或输出成流式音频，其参数可借助"发布设置"对话框来进行。

5.3.3　将 QuickTime 视频剪辑导入为链接文件

如果当前系统已经安装了 QuickTime，可在 Flash 文档中导入 QuickTime 视频剪辑。导入 QuickTime 视频剪辑时，可以从 Flash 文件链接到该视频，而不是嵌入该视频。导入到 Flash 中的链接 QuickTime 视频并不会成为 Flash 文件的一部分。而是在 Flash 中保留指向源文件的指针。如果链接到 QuickTime 视频，则必须将 SWF 文件发布为 QuickTime 视频。无法以 SWF 格式显示链接的 QuickTime 剪辑。该 QuickTime 文件包含 Flash 轨道，但是链接的视频剪辑仍然为 QuickTime 格式。

要以链接方式导入 QuickTime 视频，可选择"文件"→"导入"→"导入视频"命令。选择某个 MOV 文件后，系统将打开图 5-23 所示的"导入视频"对话框。在该对话框中选中"用于发布到 QuickTimer 的已链接的 QuickTime 视频"单选按钮，但 QuickTime Player 不支持版本高于 5 的 Flash Player 文件。修改"发布设置"后，单击"确定"按钮，即可将选定的视频文件链接到当前文档中。由于无法在 Flash 发布的 SWF 影片中播放 QuickTime 视频文件，因此要预览导入的 QuickTime 视频剪辑，只能选择"控制"→"播放"命令，而不能选择"控制"→"测试影片"命令。

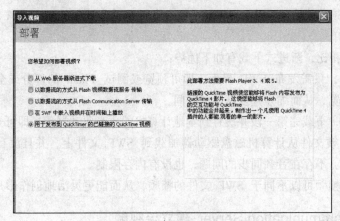

图 5-23　"导入视频"对话框

【操作实例 4】以链接的方式导入 QuickTime 视频剪辑。

目标：以链接的方式导入 QuickTime 视频剪辑，如图 5-24 所示。

操作过程：

（1）启动 Flash 8 程序，选择"文件"→"新建"命令，建立一个新的 Flash 文档。

（2）选择"文件"→"导入"→"导入视频"命令，选择某个 MOV 文件。

图 5-24　以链接的方式导入 QuickTime 视频剪辑

（3）在打开的"导入视频"对话框中选择"用于发布到 QuickTimer 的已链接的 QuickTime 视频"单选按钮，由于 QuickTime Player 不支持版本高于 5 的 Flash Player 文件，系统弹出提示对话框如图 5-25 所示，单击"发布设置"按钮后选择"Flash"选项卡，将其中的 Flash 版本从 Flash 8 改成 Flash 5 ，然后单击"确定"按钮。

（4）如果时间轴上的帧数目太少，无法容纳视频的长度，那么将会出现如图 5-26 所示的对话框，询问是否自动插入所需的帧数，单击"是"按钮即可。

图 5-25　修改发布设置提示框

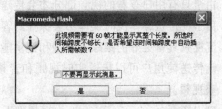

图 5-26　是否自动插入帧提示框

（5）选择"控制"→"播放"命令，即可浏览到导入的 QuickTime 视频剪辑。效果如图 5-24 所示。

5.3.4　渐进式下载视频

渐进式下载允许使用 ActionScript 将外部 FLV 文件加载到 SWF 文件中，并在运行时回放。更具体地讲，可以使用 netConnection 和 netStream 对象来启动 FLV 文件的回放，控制给定视频文件的"播放"、"暂停"和"搜寻"行为以及文件的缓冲时间和大小。由于视频内容独立于其他 Flash 内容和视频回放控件，因此只更新视频内容而无须重新发布 SWF 文件，使视频内容的更新变得相对比较简单。

与嵌入的视频相比，渐进式下载有如下优势：

- 创作过程中，只需发布 SWF 界面，即可预览或测试 Flash 的部分或全部内容，因此能更快速地预览，从而缩短重复试验的时间。
- 传送过程中，下载完第一段并缓存到本地计算机的磁盘驱动器后，即可开始播放视频。
- 运行时，视频文件从计算机磁盘驱动器加载到 SWF 文件上，并且没有文件大小和持续时间的限制。不存在音频同步的问题，也没有内存限制。
- 视频文件的帧频可以不同于 SWF 文件的帧频，从而能更灵活地创作影片。

5.3.5　Flash Communication Server 建立流视频

使用 Flash Communication Server 建立流视频、从自己的 Flash Communication Server 的服务器或者从主机 FVSS 传送视频流都可以为音频和视频文件提供最完整、一致而又可靠的传送选项。流传送过程中，每个 Flash 客户端打开一个到 Flash Communication Server 的持久连接，并且传送中的视频和客户端交互之间是受控关系。Flash Communication Server 能基于用户可用带宽，使用带宽检测传送视频或音频内容。因此，可以根据用户访问和下载内容的能力，向他们提供不同的内容。

Flash Communication Server 还提供高品质的服务规格、详细的跟踪和报告统计以及一系列旨在提升视频体验的交互式功能。与渐进式下载一样，视频内容（FLV 文件）独立于其他 Flash 内容和视频回放控件。因此，可以轻松地添加或更改内容，而无须重新发布 SWF 文件。

与嵌入和渐进式下载的视频相比，使用 Flash Communication Server 或 FVSS 传送视频流具备以下优势：

- 与其他集成视频的方法相比，回放视频的开始时间更早。
- 由于客户端无须下载整个文件，因此流传送使用较少的客户端内存和磁盘空间。
- 由于只有用户查看的视频部分才会传送给客户端，因此网络资源的使用变得更加有效。
- 由于在传送媒体流时媒体不会保存到客户端的缓存中，因此媒体传送更加安全。
- 流视频具备更好的跟踪、报告和记录能力。
- 流传送使用户可以传送实时视频和音频演示文稿，或者通过网络照相机或数码摄像机捕获视频。
- Flash Communication Server 为视频聊天、视频信息和视频会议应用程序提供多向和多用户流传送。
- 通过以编程方式控制视频和音频流（使用服务器端脚本），可以根据客户端的连接速度创建服务器端播放曲目、同步流和更智能的传送选项。

5.3.6　处理导入的视频文件

导入视频文件后，用户可以通过"属性"面板设置视频文件的位置和尺寸。对于嵌入的视频文件，还可借助其"属性"面板命名实例。如果希望更换视频对象实例，可在"属性"面板中单击"交换"按钮，如图 5-27 所示。

图 5-27　视频对象的"属性"面板

5.4　上机操作综合指导

【上机操作指导 1】

操作要求：

在 Flash 中新建一个文档，导入位图，添加一个文本框并用位图填充颜色，效果如图 5-28所示。

图 5-28　创作效果

操作过程：

第 1 步：建立 Flash 文档，导入图片

（1）启动 Flash 8 程序，选择"文件"→"新建"命令，建立一个新的 Flash 文档。

（2）选择"文件"→"导入"→"导入到舞台"命令，打开"导入"对话框，在对话框中选择一幅图片，单击"打开"按钮即可将其导入到当前的 Flash 文档中。

第 2 步：创建文本设置文本属性

（3）选择工具箱中的"文本工具"，在打开的文本工具"属性"面板的"文本类型"下拉列表框中选择"静态文本"选项，并设置文本的字体为 Arial Black，字体大小为 50，文字颜色为粉红色，文字样式为粗体。

（4）在舞台上拖动出一个文本框，输入文字内容"Flower"。并用"选择工具"调整文本框的位置，如图 5-29 所示。

图 5-29　添加文本框后的效果

第 3 步：分离文本

（5）选中文本内容，选择两次"修改"→"分离"命令，将文本分离为填充图形，如图 5-30 所示。

（6）此时，部分填充图形显示在位图后面。选中导入的位图，选择"修改"→"时间轴"→"分散到图层"命令，将位图调整到填充图形的下面，如图 5-31 所示。

图 5-30　将文本分离为填充图形

图 5-31　选择"分离到图层"后的效果

第 4 步：为分离后的文本填充样式

（7）选择"窗口"→"混色器"命令，在打开的"混色器"面板的"填充样式"下拉列表框中选择"位图"选项，选择一个图片文件，对文本进行填充，效果如图 5-28 所示。

【上机操作指导 2】

操作要求：

在 Flash 中新建一个文档，导入位图，并删除其部分图像，效果如图 5-32 所示。

在对位图进行操作时，如果用户分别选取不同区域并进行编辑修改，那么就应该将该位图进行分离。分离位图可将图像中的像素分散到离散的区域中，在分离位图时可选中舞台中的该位图图像，然后选择"修改"→"分离"命令，即可对位图图像进行分离操作。

图 5-32　删除分离位图的部分图像

操作过程：

第 1 步：建立 Flash 文档，导入图片

（1）启动 Flash 8 程序，选择"文件"→"新建"命令，建立一个新的 Flash 文档。

（2）选择"文件"→"导入"→"导入到舞台"命令，打开"导入"对话框，在对话框中选择一幅图片，单击"打开"按钮即可将其导入到当前的 Flash 文档中。

第 2 步：分离文本

（3）在文档中选中该位图图像，选择"修改"→"分离"命令将图像进行分离。

第 3 步：选择要删除的图像

（4）选择工具箱中的"套索工具"，在其"选项"区域中选择"魔术棒工具"，在要删除的图像上单击，选中该区域。

第 4 步：删除图像

（5）按【Delete】键，即可将分离的位图图像背景删除，效果如图 5-32 所示。

小结与提高

- 位图最适合于相片质量图像或包含细致与复杂颜色混合的图像。
- 用分离命令可以对位图和文本进行转化，然后可以像编辑形状一样编辑它们，创建特殊效果。
- Flash 支持从一些图形应用程序，如 Macromedia FreeHand、Fireworks 以及 Adobe Illustrator 导入图层、可编辑文本和渐变。
- 尽管矢量格式是 Flash 的默认文件格式，并且在设计时很方便，但矢量图形通常仍需要优化。

思考和练习

一、选择题

1. 若通过剪切和粘贴的方法从 Fireworks 中导入 PNG 文件，则该文件会被转换为（　　）。

    A. 矢量图　　　　　　B. 位图　　　　　　C. 分离图形　　　　　D. SWF 文件

2. 在不安装 QuickTime 的情况下，可以导入的图形图像文件格式为（　　）。

    A. QTIF　　　　　　B. PNTG　　　　　　C. PSD　　　　　　D. BMP

3. 在下面的图形文件中，（　　）格式的矢量图不能被 Flash 直接引用。

    A. *.ai　　　　　　B. *.eps　　　　　　C. *.cdr　　　　　　D. *.wmf

4. 在 Flash 8 中，下列（　　）文件格式不会被认为是序列图像。

    A. w-01,w-02,w-03　　　　　　　　B. 001,003,004

    C. f-05.ai,f-06.ai,f-07.ai　　　　　　D. F1,F2,F3

5. 简单的位图图像经常比简单的矢量图形要大，但若位图图像中包含（　　）时，位图图像常常比复杂程度相当的矢量图形要小，并显示较好的效果。

    A. 透明度　　　　　　　　　　　B. 图层

    C. 复杂的形状及太多颜色　　　　D. 复杂的图形效果

二、填空题

1. 导入到 Flash 中的图形文件大小至少达到＿＿＿＿像素。

2. 在设置位图图像属性时，可选择两种图像的压缩方式＿＿＿＿和＿＿＿＿。

3. 在 Flash 8 中，将图像导入到"库"面板中，可使用＿＿＿＿命令。

4. 在导入 QuickTime 视频剪辑时，可以将该视频剪辑＿＿＿＿到 Flash 影片，这样导入的 QuickTime 影片不会成为 Flash 文件的一部分，而只是在 Flash 中保留其指向源文件的链接指针。

5. 在 Flash 8 中导入视频时，采用的方式有＿＿＿＿、＿＿＿＿、＿＿＿＿、＿＿＿＿。

6. 导入的 AVI 文件以＿＿＿＿形式存放在库中。

三、简答题

1. 矢量图形和位图图像各有什么特点？

2. 如何交换导入的位图图像？

3. 如何将序列图像导入 Flash 中？

四、操作题

1. 在 Flash 8 中新建一个文档，并导入两幅图像，如图 5-33 所示，然后交换这两幅图像。

图 5-33　导入的图像

2. 在文档中导入一幅图像，然后以导入的图像为填充图形，绘制一个矩形，如图 5-34 所示。

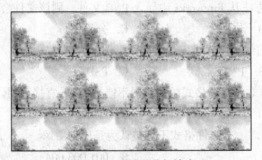

图 5-34　对图形进行填充

3. 在 Flash 8 中新建一个文档，并导入一个视频文件。

第 **6** 章 | 创 建 动 画

学习目标

☑ 熟悉补间动画与逐帧动画

☑ 掌握创建补间动作动画的方法

☑ 掌握创建补间形状动画的方法

☑ 掌握创建逐帧动画的方法

☑ 掌握编辑动画的方法

6.1 补间动画与逐帧动画

动画是一个随时间变化的过程。变化可以是物体从一个地方到另一个地方的位置移动，也可以是形态上或形状上的改变。任何随着时间而发生的位置或者形状、形态上的改变都可以叫做动画。在 Flash 中，改变连续帧的内容（经过一段时间后）就创建了动画。

在 Flash 中可以创建两种类型的动画，即逐帧动画和补间动画。

逐帧动画是先制作好每一帧画面，然后生成动画效果，传统的动画都是这么做出来的。

补间动画是制作好若干关键帧的画面，由 Flash 通过计算生成中间各帧，使得画面从一个关键帧过渡到另一个关键帧。为了快速创建补间动画中的元素，可使用 Flash 提供的"分散到图层"功能。在补间动画中，Flash 存储的仅仅是帧之间的改变值，而逐帧动画存储的是每一个完整帧的值，因此补间动画的文件尺寸要小得多。

补间动画又可分为两类，一类是"补间动作"动画，一类是"补间形状"动画。这两种动画类型的特点如下：

* 补间动作动画中，用户可以分别在不同时间定义实例、群组、文本框的位置、尺寸或方向。此外，也可创建沿路径运动的渐变动画。

* 补间形状动画中，用户可以分别在不同时间改变形状或绘制其他形状，Flash 会自动在两个时间点之间创建中间形状。

6.2 补间动作动画

6.2.1 创建补间动作动画

通过为实例、群组与文字创建补间动作动画，可改变这些对象的位置、尺寸，可对其进行旋转或倾斜。此外，通过改变实例与文本的颜色，还可创建颜色渐变动画或淡入淡出动画。

如果创建补间动作动画后，又改变了两个关键帧之间的帧数，或者在某个关键帧中移动了群组或实例，Flash 将自动重新生成两个关键帧之间的过渡帧。

可使用如下两种方法创建补间动作动画：

- 为动画创建开始关键帧与结束关键帧，并在帧"属性"面板中的"补间"下拉列表框中选择"动画"选项。
- 创建动画的第 1 个关键帧，选择"插入"→"创建补间动画"命令，在希望结束的帧上加入一帧，移动对象到新位置，Flash 将自动创建结束关键帧。

下面就来详细介绍使用这两种方法创建动画的步骤。

【操作实例 1】创建补间动作动画。

目标： 使用帧"属性"面板创建图 6-1 所示的图像逐渐放大且颜色逐渐加深的补间动作动画。

图 6-1 逐渐放大且颜色逐渐加深的补间动作动画

操作过程：

（1）启动 Flash 8 程序，选择"文件"→"新建"命令，建立一个新的 Flash 文档。

（2）选择"文件"→"导入"→"导入到舞台"命令，打开"导入"对话框，在对话框中选择一幅图像，将其导入到舞台中。

（3）选中该位图图像，右击并选择"转换为元件"命令。在弹出的"转换为元件"对话框中，将其转换为影片剪辑元件并为元件设置名称，如图 6-2 所示。

图 6-2 "转换为元件"对话框

（4）单击"确定"按钮，返回到舞台，在影片剪辑"属性"面板中设置颜色为 Alpha，其值为 50%。

（5）选择"时间轴"面板中的第40帧，右击并选择"插入关键帧"命令，使用"任意变形工具"将该帧中的元件实例进行放大，在影片剪辑"属性"面板中设置颜色为 Alpha，其值为 100%。

（6）选择两个关键帧之间的任一帧，在帧"属性"面板中的"补间"下拉列表框中选择"动画"选项，创建补间动作动画。此时，在开始关键帧和结束关键帧之间，出现一个淡紫色背景及箭头，如图 6-3 所示。

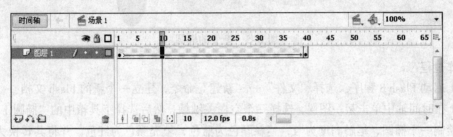

图 6-3 "时间轴"面板

（7）动画制作完毕后，选择"控制"→"测试影片"命令，即可看到图像逐渐放大且颜色逐渐加深的动画效果。

若用户通过帧"属性"面板设置对象的补间动作动画，则在选择"动画"选项后，"属性"面板显示图 6-4 所示的设置选项。

图 6-4 帧"属性"面板

其各设置选项功能如下：
- 若修改对象的大小，可选择"缩放"复选框。
- 在"缓动"文本框中输入值，可调整补间帧之间的变化速率。若要使补间动画开始时较慢，然后朝着动画结束的方向加速，可将"缓动"值设为负值；若要使补间动画开始时较快，并朝着动画结束的方向减速，可将"缓动"值设成正值。默认情况下，缓动值为 0，表示补间帧之间的变化速率是不变的。
- 在"旋转"下拉列表框中，可设置在补间时旋转所选的对象。选择"无"选项，则不使用旋转；选择"自动"选项，可在需要最小动作的方向上旋转一次对象；选择"顺时针"或"逆时针"选项，可按顺时针或逆时针方向旋转对象，并可设置旋转的次数。
- 若创建了沿路径运动的动画，可选择"调整到路径"复选框，使补间对象的基线调整到运动路径。
- 如果选择"同步"复选框，可使动态图形元件实例的动画和主时间轴同步。
- 若创建了沿路径运动的动画，选择"对齐"复选框，可以根据其注册点将补间对象附加到运动路径上。

【操作实例 2】 创建补间动作动画。

目标： 使用"创建补间动画"命令创建图 6-5 所示的颜色渐变、由水平椭圆渐变到垂直椭圆的补间动作动画。

图 6-5　渐变的椭圆

操作过程：

（1）启动 Flash 8 程序，选择"文件"→"新建"命令，建立一个新的 Flash 文档。

（2）在时间轴中单击某一图层，选择一个空白关键帧，然后选择工具箱中的"椭圆工具"，在舞台上绘制一个椭圆，笔触高度为 1，笔触颜色为蓝色，填充颜色为红色。并将其转换为元件，如图 6-6 所示。

（3）选择"插入"→"时间轴"→"创建补间动画"命令。

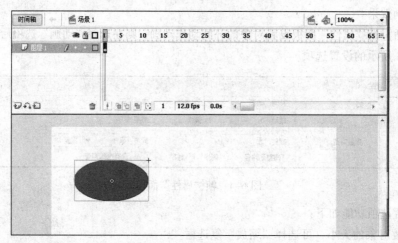

图 6-6　创建椭圆元件

（4）在希望结束动画的帧上单击，选中该帧，然后选择"插入"→"帧"命令插入帧。此时"时间轴"面板中显示虚线，如图 6-7 所示。

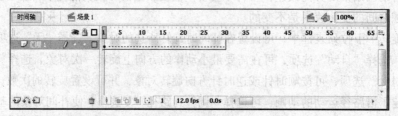

图 6-7　插入帧

（5）单击最后一帧，并根据需要调整对象的位置、缩放比例或旋转角度。调整结束后，取消对象选择，此时在"时间轴"面板中的结束位置将自动添加一个关键帧，并显示一个箭头，如图 6-8 所示。

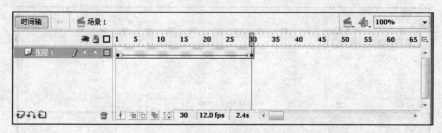

图 6-8 创建的补间动作动画

（6）如果要实现颜色的过渡效果，可首先将动画的开始关键帧或结束关键帧设置为当前帧，
然后单击选中对象，并借助图形"属性"面板进行调整，如图 6-9 所示。

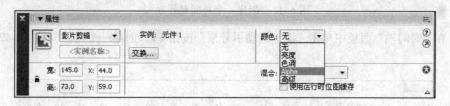

图 6-9 为动画设置颜色渐变效果

（7）在"时间轴"面板中双击第 2 个关键帧左侧的结束帧，选中动画的全部帧，然后根据需
要，使用帧"属性"面板调整动画的"缓动"数值和"旋转"等项目。

（8）选择"控制"→"测试影片"命令，观看影片播放效果。

6.2.2 创建沿路径运动的补间动作动画

在制作补间动作动画时，用户可以通过设置运动路径，使补间实例、组或文本框沿绘制的路
径进行运动。在设置沿路径运动的补间动作动画时，需要先创建特定的运动引导图层，并绘制运
动路径，然后将动画对象设置于运动路径上即可。

【操作实例 3】创建沿路径运动的补间动作动画。

目标：创建图 6-10 所示的沿路径运动的补间动作动画。

图 6-10 沿路径运动的补间动作动画

操作过程：

（1）启动 Flash 8 程序，选择"文件"→"新建"命令，建立一个新的 Flash 文档。

（2）根据"操作实例 1"介绍的方法，创建一个补间动作动画，如图 6-11 所示。

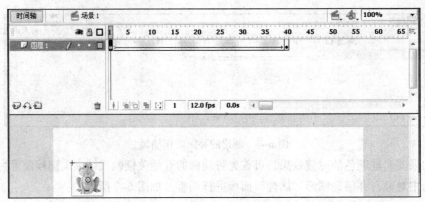

图 6-11　创建一个补间动作动画

（3）在"时间轴"面板中单击"添加运动引导层"按钮，创建一个运动引导层，如图 6-12 所示。

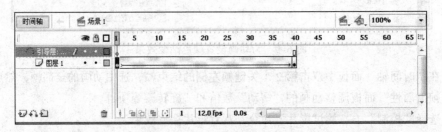

图 6-12　创建运动引导层

（4）使用工具箱中的"铅笔工具"，在运动引导层中绘制一条运动路径，如图 6-13 所示。

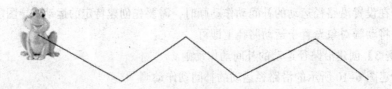

图 6-13　绘制运动路径

（5）捕捉对象的中心，在起始帧将对象中心移到路径的起点（见图 6-14），在结束帧将对象中心移动到路径的终点。此时播放动画，可看到青蛙做"跳跃"运动。

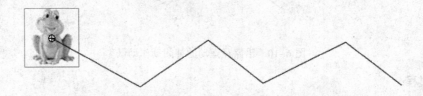

图 6-14　在起始帧将对象中心移动到路径的起点

（6）默认情况下，对象在沿路径运动时只是平移或旋转，而与路径的切线方向没有关系。例如，如果在"时间轴"面板中将第 1 帧设置为当前帧，单击选中"绘图纸外观"按钮，并将"时间轴"面板上方出现的"绘图纸外观标记"设置条调整为与动画长度一致，以观察动画的全部帧，此时，效果如图6-15所示。

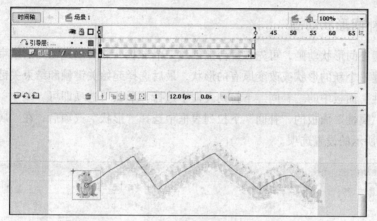

图6-15 使用"绘图纸外观标记"动画的效果

（7）如果希望对象在沿路径运动时，能够根据路径的切线方向调整其自身的方向，可首先在"时间轴"面板中双击第2关键帧左侧的结束帧，选中补间动画的全部帧，然后在"属性"面板中选择"调整到路径"复选框，此时画面如图6-16所示。此时播放动画，可看到青蛙做"翻跟头"运动。

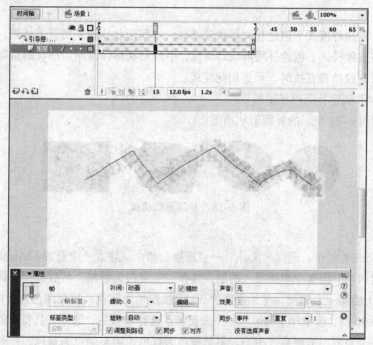

图6-16 使对象的方向随路径的切线方向进行自动调整

6.3 补间形状动画

通过创建补间形状动画，可创建类似变形的效果，如对象最初以某一形状出现，随着时间的推移，起初的形状将逐步转变为另一种形状。同时，Flash还可以对形状的位置、大小和颜色进行过渡。

为了对群组、实例、位图图像或文本应用形状变换，必须将其分解为图形元素。此外，为了控制复杂的形状变换，还可以使用形状提示，以控制如何将原形状转换为新形状。

6.3.1　创建补间形状动画

用户要创建补间形状动画，可先在舞台上创建一个形状，然后创建动画的结束关键帧，并在该关键帧上创建一个新的形状或改变原有的形状，最后选择起始关键帧和结束关键帧间的任意一帧，在帧"属性"面板中的"补间"下拉列表框中选择"形状"选项即可。

用户在帧"属性"面板的"补间"下拉列表框中选择"形状"选项后，在"属性"面板中将显示如图 6-17 所示的设置选项。

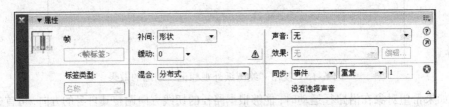

图 6-17　选择"形状"选项后的帧"属性"面板

"缓动"数值的作用与补间动作动画完全相同。"混合"模式包括"分布式"和"角形"，其特点分别如下：

- 分布式：在这种模式下创建补间形状动画时，中间形状比较平滑且不规则。
- 角形：在这种模式下创建补间形状动画时，中间形状将保留原始形状的角度和线条。当原始形状带有锐角和直线时，可选用此模式。

【操作实例 4】创建补间形状动画。

目标：创建图 6-18 所示的补间形状动画。

图 6-18　补间形状动画

操作过程：

（1）启动 Flash 8 程序，选择"文件"→"新建"命令，建立一个新的 Flash 文档。

（2）在"时间轴"面板中单击某一图层，选择一个空白关键帧，然后选择工具箱中的"椭圆工具"，在舞台上绘制一个椭圆，笔触高度为 3，笔触颜色为蓝色，填充颜色为红色。

（3）选择第 30 帧，按【F6】键插入一个关键帧。选择该帧后，选择工具箱中的"矩形工具"，在舞台上绘制一个矩形，笔触高度为 3，笔触颜色为红色，填充颜色为蓝色，并删除左侧的椭圆图形。

（4）选择 1～30 帧之间的任意一帧，在打开的帧"属性"面板的"补间"下拉列表框中选择"形状"选项。此时在"时间轴"面板的开始关键帧和结束关键帧之间将出现一个淡绿色背景及箭头，如图 6-19 所示。

（5）动画制作完毕后，选择"控制"→"测试影片"命令，即可看到左边的椭圆图形逐渐变为右边的矩形图形。

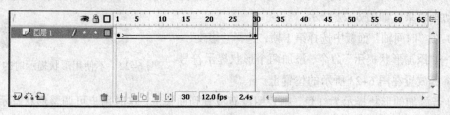

图 6-19　"时间轴"面板

6.3.2　使用形状提示

形状提示就是在变形的初始图形与结束图形中，分别指定一些变形关键点，并使这些点在起始帧中和结束帧中一一对应，这样 Flash 就会根据这些点的对应关系来计算变形的过程。使用形状提示可以控制较为复杂的形状渐变。不使用形状提示和使用形状提示制作出的转换过渡动画是不同的，如图 6-20 和图 6-21 所示。

图 6-20　不使用形状提示时的变形效果 　　　图 6-21　使用形状提示时的变形效果

在 Flash 中最多可以使用 26 个变形关键点，分别用 a～z 表示。起始关键帧的变形关键点用黄色圆圈表示，结束帧用绿色圆圈表示。为了获得最佳变形效果，应遵循以下原则：

- 如果过渡比较复杂，可以增加一个或多个中间形状，而不仅仅设置一个起始关键帧和一个终止关键帧。
- 确保形状提示的变形关键点是符合逻辑的。例如，如果在一个三角形上添加了 3 个变形关键点，依次为 a、b、c，那么无论将该三角形如何变形，这 3 个点始终应保持 a、b、c 的顺序，即在第 2 个关键帧中它们的顺序仍应该是 a、b、c，而不能变成 a、c、b 或 b、c、a 等。
- 如果将形状提示按照逆时针方向从图形的左上角位置开始，则变形效果更好。
- 变形关键点不应太多，但应将每个关键点放置在合适的位置。

【操作实例 5】使用形状提示控制补间形状动画。

目标：利用形状提示创建补间形状动画。

操作过程：

（1）启动 Flash 8 程序，选择"文件"→"新建"命令，建立一个新的 Flash 文档。

（2）在"时间轴"面板中选择第 1 帧，使用"文本工具"在舞台上输入字母 a。选择第 10 帧，按【F6】键插入一个关键帧并将该帧上的字母改为 b。

（3）分别选中第 1 帧和第 10 帧中的字母，选择"修改"→"分离"命令，将文字分别分离为形状。

（4）选择 1～10 帧中的任意一帧，在帧"属性"面板的"补间"下拉列表框中选择"形状"选项，设置为补间形状动画。

（5）选择"控制"→"测试影片"命令，可以看到在不使用形状提示时字母 a 逐步变化成字母 b 的动画效果，如图 6-22 所示。

（6）在"时间轴"面板中选择第 1 帧，选择"修改"→"形状"→"添加形状提示"命令，添加两个形状提示符号，并分别将其放置在图 6-23 所示的位置上。

图 6-22　不使用形状提示时的变形效果

（7）若添加的形状提示为红色，则表明没有放置到曲线上。这时用户可调整形状提示的位置，直至第 1 个关键帧中的形状提示变为黄色、第 2 个关键帧中的形状提示变为绿色为止。

（8）选择"控制"→"测试影片"命令，可以看到字母 a 逐步变化成字母 b 的动画效果，如图 6-24 所示。

图 6-23　设置形状提示的位置 　　　　图 6-24　使用形状提示时的变形效果

用户在使用形状提示时，若要隐藏所有的形状提示，可取消"视图"→"显示形状提示"命令的选中状态；再次选择该命令可显示所有的形状提示。若要删除某个形状提示，可将其从舞台中拖出；若要删除所有的形状提示，可选择"修改"→"形状"→"删除所有提示"命令。

6.4　创建逐帧动画

逐帧动画是最传统的动画创建形式，也是 Flash 动画的另一个重要类型。逐帧动画适用于创建非常复杂的动画，它的每一帧都是关键帧，每一帧都需要由设计者确定，而不是由 Flash 通过计算得到。与补间动画相比，逐帧动画的文件尺寸增大得很快。

若要创建逐帧动画，可以在"时间轴"面板中选中一个图层，然后选择图层中的一个帧。如果选择的帧不是关键帧，可以选择"插入"→"时间轴"→"关键帧"命令，使它成为关键帧。在第 1 个关键帧上创建对象，可以使用绘画工具或从剪贴板中粘贴图形或导入一个文件。在同一图层中单击下一帧，选择"插入"→"时间轴"→"空白关键帧"命令，插入一个空白关键帧。如果希望在上一个关键帧的基础上修改，可选择"插入"→"时间轴"→"关键帧"命令，然后在舞台中改变该帧的内容。重复该步骤，逐帧完成所需要的所有动画图像，选择"控制"→"测试影片"命令，测试逐帧动画的效果。

【操作实例 6】创建逐帧动画。

目标：创建图 6-25 所示"奔跑的豹子"的逐帧动画。

操作过程：

（1）启动 Flash 8 程序，选择"文件"→"新建"命令，建立一个新的 Flash 文档。

（2）在"时间轴"面板中单击某一图层，选择一个空白关键帧，然后选择"文件"→"导入"→"导入到舞台"命令，打开"导入"对话框，在对话框中选择所需的豹子图片，单击【打开】按钮将其导入到当前的 Flash 文档中。

（3）选择"插入"→"时间轴"→"空白关键帧"命令，新建一个空白关键帧。

（4）选择"文件"→"导入"→"导入到舞台"命令，打开"导入"对话框，在对话框中选择所需的豹子图片，单击"打开"按钮将其导入到当前的 Flash 文档中。

（5）重复步骤（3）～（4），插入新的关键帧并导入图片。该逐帧动画共 8 帧，如图 6-25 所示。

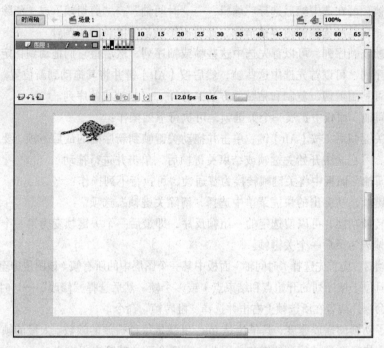

图 6-25　创建"奔跑的豹子"逐帧动画

（6）选择"控制"→"测试影片"命令，测试动画运行的效果。

6.5　编辑动画

创建一个帧或关键帧之后，可以将它移动到同图层或另一个图层的任何位置，也可以删除。但是，用户只能编辑关键帧，对于补间帧，只能查看而不能编辑。要修改补间帧的内容，只能通过修改关键帧或者在开始关键帧和结束关键帧之间插入新的关键帧。此外，要同时显示和编辑多个帧，可以使用"绘图纸外观"功能，即"洋葱皮"技术。

6.5.1　插入、删除和修改帧

在 Flash 8 中，要向"时间轴"面板中插入帧、关键帧和空白关键帧，可执行下列操作：

- 要插入新帧，可以选择"插入"→"时间轴"→"帧"命令。
- 要创建新关键帧，可以选择"插入"→"时间轴"→"关键帧"命令，或者右击需要插入关键帧的帧，然后从弹出的快捷菜单中选择"插入关键帧"命令。
- 要创建新的空白关键帧，可以选择"插入"→"时间轴"→"空白关键帧"命令，或者右击需要插入关键帧的帧，然后从弹出的快捷菜单中选择"插入空白关键帧"命令。

要在"时间轴"面板中删除、清除、移动与复制帧，可执行下列操作：

- 要删除帧或帧序列（包括普通帧与关键帧），可首先选中这些帧或帧序列，然后选择"编辑"→"时间轴"→"删除帧"命令，或者在选中的帧中右击，从弹出的快捷菜单中选择"删除帧"命令。删除帧后，后续帧将自动向前移动。
- 要清除帧，可在选中帧后选择"编辑"→"时间轴"→"剪切帧"或"清除帧"命令。清除帧时，只是所选帧的内容被清除，此时不影响被清除帧的周围帧。
- 要移动帧或帧序列，可以首先选中这些帧或帧序列，然后将它们拖动到指定位置。要复制帧或帧序列，可以首先选中这些帧，然后按【Alt】键并将其拖动到新位置。
- 用户也可利用剪切、复制和粘贴的方法来移动、复制帧或帧序列。

要在"时间轴"面板中扩展一个关键帧，可执行下列操作：

- 在选中关键帧后，按【Alt】键，单击并拖动关键帧到新序列的最后一帧。要改变过渡动画的长度，可在选中开始关键帧或结束关键帧后，单击并进行拖动。

要在"时间轴"面板中将关键帧转换为普通帧，可执行下列操作：

- 右击关键帧，从弹出的快捷菜单中选择"清除关键帧"选项。
- 利用反转帧功能，可以使选定的一组帧反序，即最后一个关键帧变为第一个关键帧，第一个关键帧成为最后一个关键帧。
- 要反转帧时，应首先选择"时间轴"面板中某一个图层中的所有帧（该图层中至少包含两个关键帧，且位于帧序列的开始点和结束点）或多个帧，然后选择"修改"→"时间轴"→"翻转帧"命令，或者在所选帧上右击并选择"翻转帧"命令。

帧频指示了动画的播放速度，其单位是 fps，也就是每秒播放的帧数。太慢的帧频会使动画出现停顿现象，太快又会晃过动画的细节。因此，设置合适的帧频也很有必要。

对于 Web 来说，选择 12fps 的频率最合适。虽然标准的运动图片频率是 24fps，但是，像 QuickTime 和 AVI 这种格式的影片一般也都只有 12fps。要设置帧频，可直接使用文档"属性"面板，如图 6-26 所示。要使"属性"面板中显示文档的属性，应确保当前未选择任何对象。

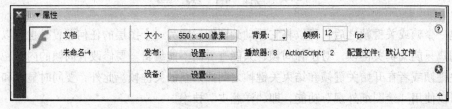

图 6-26　设置帧频

6.5.2　使用绘图纸外观功能

通常情况下，Flash 在舞台中一次只显示动画序列的一个帧。为了帮助用户定位和编辑逐帧动画，并在舞台中一次查看两个或多个帧，可以使用"绘图纸外观"功能。此时，播放头下面的帧用全彩色显示，但其余帧是暗淡的，看起来就好像每个帧是画在一张半透明的绘图纸上，而且这些绘图纸相互层叠在一起。

在舞台中，要同时查看动画的几个帧，可单击"时间轴"面板中的"绘图纸外观"按钮 ，如图 6-27 所示。

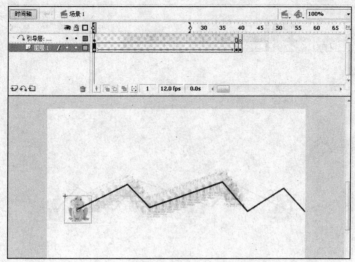

图 6-27 使用绘图纸外观查看动画帧

要控制绘图纸外观显示，可执行下列操作：

- 要将绘图纸外观帧显示为轮廓，可单击"绘图纸外观轮廓"按钮 □ 。
- 要更改任意绘图纸外观标记的位置，可以将它的指针拖动到新位置。通常情况下，绘图纸外观标记和当前帧指针一起移动。
- 要编辑绘图纸外观标记之间的所有帧，可以单击"编辑多个帧"按钮 □ 。绘图纸外观通常只允许编辑当前帧，但是，用户可以正常显示绘图纸外观标记之间每个帧的内容，并且是每个帧都可以编辑，不管它是不是当前帧。

用户若要更改绘图纸外观标记的显示，可以单击"修改绘图纸标记"按钮 □ ，然后从弹出的菜单中选择一个选项。

- 总是显示标记：选择该选项，可在时间轴标题中显示绘图纸外观标记，而不管绘图纸外观是否打开。
- 锁定绘图纸：选择该选项，可以将绘图纸外观标记锁定在时间轴标题中的当前位置。
- 绘图纸 2：选择该选项，可在当前帧的两边各显示 2 帧。
- 绘图纸 5：选择该选项，可在当前帧的两边各显示 5 帧。
- 绘制全部：选择该选项，可在当前帧的两边显示全部帧。

6.5.3 移动整个动画

要移动舞台中的整个动画，必须一次移动所有帧和图层中的图形。在移动整个动画之前，需要先解除所有锁定图层。若要移动某个或多个图层中的内容而不移动其他图层上的内容，可锁定或隐藏不希望移动的图层。

在将整个动画移动到舞台中的另一个位置，可先在"时间轴"面板中单击"编辑多个帧"按钮，然后拖动绘图纸外观标记，包含要选择的所有帧或单击"修改绘图纸标记"按钮 □ ，选择"绘制全部"选项。选择"编辑"→"全选"命令，选中所有内容，最后，将整个动画拖动到舞台中的新位置即可，如图 6-28 所示。

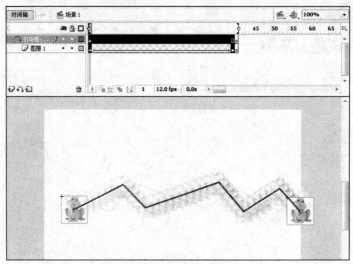

图 6-28 移动整个动画

6.6 上机操作综合指导

【上机操作指导 1】

操作要求：

在 Flash 8 中创建一个蝴蝶扇动翅膀的逐帧动画，然后使用该动画创建一个沿椭圆飞翔的动画，如图 6-29 所示。

在这个动画的实现过程中，首先要创建一个影片剪辑元件，在该元件中创建逐帧动画，再使用创建的影片剪辑元件，在舞台中创建一个补间动画。在创建这个补间动画时若用户创建的路径是一个封闭的图形，会发现动画对象通常不会按照预想的路径进行运动。其实，在制作沿封闭路径运动的补间动作动画时，有一个小技巧，本节中就通过具体的实例，向读者讲述沿封闭路径运动的补间动作动画的方法。

操作过程：

第 1 步：创建蝴蝶影片剪辑元件

（1）启动 Flash 8 程序，选择"文件"→"新建"命令，建立一个新的 Flash 文档。

（2）选择"插入"→"新建元件"命令，打开"创建新元件"对话框，按照图 6-30 所示进行设置，单击"确定"按钮，创建"蝴蝶"元件。

图 6-29 创建蝴蝶沿椭圆路径飞翔的动画

图 6-30 创建"蝴蝶"元件

（3）此时，进入"蝴蝶"元件的编辑窗口，然后选择"文件"→"导入"→"导入到舞台"命令，打开"导入"对话框，在对话框中选择所需图片，单击"打开"按钮将其导入到当前的 Flash 文档中。如果导入的图片是一个序列，在弹出的对话框中单击"是"按钮即可。创建好的"蝴蝶"元件的逐帧动画如图 6-31 所示。也可以参照 6.4 节来创建逐帧动画。

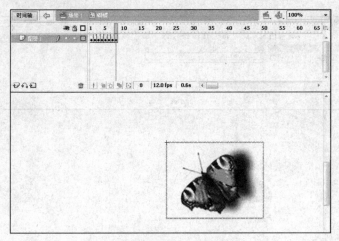

图 6-31 创建"蝴蝶"元件的逐帧动画

第 2 步：利用"蝴蝶"影片剪辑元件创建补间动作动画

（4）单击 <kbd>场景1</kbd> 按钮进入场景 1，创建沿封闭路径运动的补间动作动画。选择"窗口"→"库"命令，打开"库"面板，选择"蝴蝶"元件并将其拖入到当前的 Flash 文档中。

（5）选择"时间轴"面板中的第 30 帧，右击并选择"插入关键帧"命令，选择 1～30 帧之间的任一帧，在帧"属性"面板中的"补间"下拉列表框中选择"动画"选项，创建补间动作动画。此时，在开始关键帧和结束关键帧之间，将出现一个淡紫色背景的箭头，如图 6-32 所示。

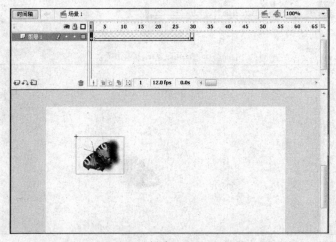

图 6-32 创建一个补间动画

第 3 步：添加运动引导层创建沿封闭路径运动的补间动作动画

（6）在"时间轴"面板中单击"添加运动引导层"按钮 ，创建一个运动引导层。

（7）使用工具箱中的"椭圆工具"，在运动引导层中绘制一个填充色为透明色的椭圆图形，作为蝴蝶运动的路径。

（8）使用工具箱中的"橡皮擦工具"，在其"选项"区域中选择最小的橡皮擦形状，将椭圆图形擦出一个非常小的豁口，如图6-33所示。

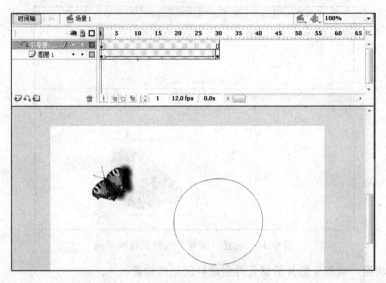

图6-33　将椭圆图形擦出一个豁口

（9）按照6.2.2节中介绍的创建沿路径运动的动画方法，在"时间轴"面板中选择"图层1"，分别将起始关键帧和结束关键帧上的"蝴蝶"元件移至豁口的两个端点处，设置该元件实例沿路径运动的动画，如图6-34所示。

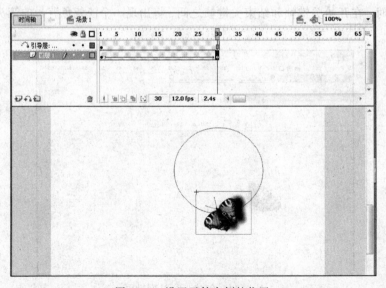

图6-34　设置元件实例的位置

第4步：测试影片

（10）选择"控制"→"测试影片"命令，即可看到蝴蝶按照设置沿椭圆路径进行运动的效果。

【上机操作指导2】

操作要求：

在 Flash 8 中创建一个旋转的风车动画，效果如图 6-35 所示。

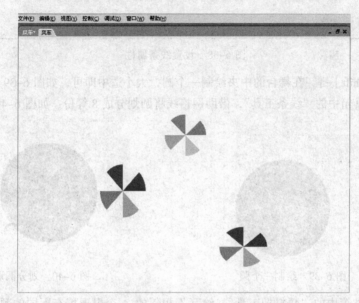

图 6-35　旋转的风车

操作过程：

第 1 步：创建风车图形元件

（1）启动 Flash 8 程序，选择"文件"→"新建"命令，建立一个新的 Flash 文档。

（2）选择"插入"→"新建元件"命令，打开"创建新元件"对话框，按照图 6-36 所示的内容进行设置，单击"确定"按钮，创建风车图形元件。

（3）选择"视图"→"网格"→"编辑网格"命令，在打开的对话框中选择"显示网格"和"贴紧至网格"两个复选框，并如图 6-37 所示设置网格的大小，然后单击"确定"按钮。

图 6-36　建立图形元件

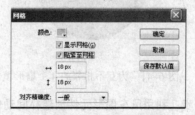

图 6-37　设置网格参数

（4）选择工具箱中的"椭圆工具"，在"属性"面板中将笔触颜色设置为黑色，填充颜色设置为另外一种颜色。设置椭圆工具"属性"面板中的线条类型为实线，线条宽度为 4，如图 6-38 所示。

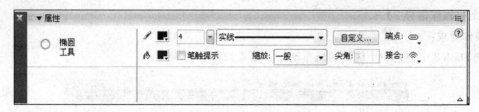

图 6-38　设置线条属性

（5）按住【Shift】键，在舞台的中央绘制一个圆，大小适中即可，如图 6-39 所示。

（6）选择工具箱中的"线条工具"，借助网格线将圆划分成 8 等份，如图 6-40 所示。

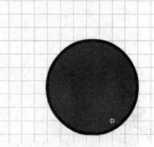

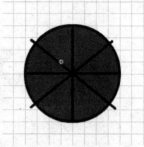

图 6-39　绘制一个圆　　　　　　　　图 6-40　划分圆形

（7）选择工具箱中的"颜料桶工具"，给互不相邻的 4 个扇形填充不同的颜色，如图 6-41 所示。

（8）选择工具箱中的"选择工具"，选中没有填色的其他扇形，按【Delete】键删除。然后在黑色线条上双击选取所有线条，按【Delete】键删除。完成后的风车如图 6-42 所示。

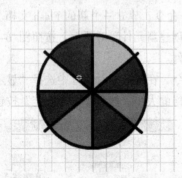

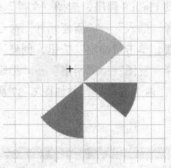

图 6-41　为互不相邻的 4 个扇形填色　　　图 6-42　"风车"图形元件

第 2 步：利用风车图形元件创建补间动作动画

（9）单击工作区窗口左上角的"场景 1"按钮　，回到影片的编辑窗口。

（10）选择"窗口"→"库"命令，此时"库"面板中将列出前面创建的"风车"图形元件，如图 6-43 所示。从"库"面板向当前的 Flash 文档中拖放一个"风车"图形元件实例。

（11）在时间轴窗口第 30 帧的位置，右击并在弹出的快捷菜单中选择"插入关键帧"命令，插入一个关键帧，然后在"属性"面板中选择"补间"为"动画"，选择"旋转"为"顺时针"，在旁边的输入框中输入 3，即旋转 3 圈，如图 6-44 所示。

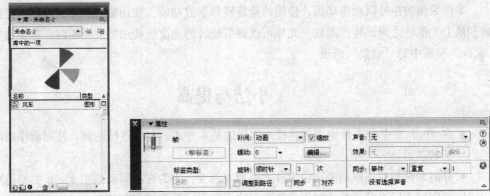

图 6-43 包含"风车"图形元件的 　　　　　　　　图 6-44 设置动画
　　　　　　"库"面板

（12）此时，在开始关键帧和结束关键帧之间，出现了一个淡紫色背景的箭头，表明二者之间存在动画，如图 6-45 所示。

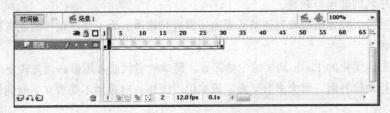

图 6-45 设置动画的时间轴

（13）选中第 30 帧中的"风车"实例，然后右击并在弹出的快捷菜单中选择"任意变形"命令，此时，"风车"实例的四周会出现缩放手柄。拖动直角顶点处的缩放手柄，适当缩小图形的尺寸，如图 6-46 所示。

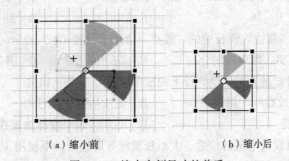

（a）缩小前　　　　　　　　（b）缩小后
图 6-46 缩小实例尺寸的前后

（14）以上步骤即完成了风车的转动过程。

第3步：创建多个风车

（15）单击"时间轴"面板下方的 📑 按钮，添加新的图层，在新增加的图层中重复第（10）～（14）步，可以创建第 2 个风车。按照同样的方法可以创建多个风车。

第4步：测试影片

（16）按【Ctrl+Enter】组合键测试影片。

本例采用的是补间动作动画，使用的是旋转和缩放功能。使用旋转功能，可以指定旋转的方向和两个关键帧之间旋转的圈数，此外可以调节旋转的速度。使用缩放功能时，需要选中关键帧"属性"面板中的"缩放"选项。

小结与提高

- 在 Flash 8 中有 3 种用来创建动画效果的基本方式，包括逐帧动画、补间动作动画和补间形状动画。
- 补间动画相对逐帧动画来说文件大小增加得少，因为在补间动画中 Flash 主要是对关键帧之间的不同进行计算，并不需要为序列中的每一帧存储完整信息。
- 创建逐帧动画时，可以插入关键帧（【F6】键）并对每一帧中的内容进行修改，或者插入空白关键帧（【F7】键）并在每一帧中制作新的内容。
- 可以通过延长或者缩短补间的区域来调整补间动画的步调，也可以通过调整"缓动"设置来创建序列的加速与减速。
- 可以通过插入或者删除帧对逐帧动画的步调进行修改，为了保证动作的连贯性，也可以修改关键帧。
- 元件是创建优化的 Flash 动画的主要部分。简单的形状或者图形必须先转变成元件后才能对其进行动作补间，而大多数动画应该被组织成影片剪辑而不是放在主时间轴上。

思考和练习

一、选择题

1. 在使用形状提示创建补间形状动画时，最多可以使用（　　）个形状提示。

   A. 24　　　　　　　B. 26　　　　　　　C. 30　　　　　　　D. 28

2. 在设置补间动画时，"属性"面板中的"缓动"值用于设置（　　）。

   A. 对象的旋转　　　B. 对象的混合　　　C. 动画的同步　　　D. 补间帧之间的变化速率

3. 如果让两个物体各自做独立的运动，以下说法中（　　）是正确的。

   A. 可以将两个物体放在一个图层中　　　　　　B. 无法达到这个目的

   C. 视物体的类型而定　　　　　　　　　　　　D. 必须将两个物体放置在不同的图层中

4. 在改变一个实例、组或文本框的位置、大小和旋转等属性时，可使用（　　）。

   A. 逐帧动画　　　B. 补间动作动画　　　C. 补间形状动画　　　D. 遮罩动画

5. 若要更改绘图纸外观标记的显示，可以使用（　　）按钮。

   A. 绘图纸外观　　　B. 绘图纸外观轮廓　　　C. 编辑多个帧　　　D. 修改绘图纸标记

二、填空题

1. Flash 的基本动画形式包括_____和_____。

2. 传统的动画片采用的是_____形式。

3. _____指示了动画的播放速度，其单位是 fps，也就是每秒播放的帧数。

4. 在 Flash 中，要控制复杂的形状变化，可以使用_____。

5. 在创建补间形状动画时，若要对文本进行形状补间，则必须将文本转换为_____。

6. 在补间动画中，用户只需创建_____和_____两个关键帧，中间的帧则由 Flash 通过计算自动生成。

三、简答题

1. 在 Flash 8 中，可以创建什么样的动画？它们各有什么特点？

2. 在使用形状提示创建补间形状动画时，要获得最佳效果，应遵循什么准则？

3. 如何创建补间形状动作动画？

四、操作题

1. 在 Flash 8 中使用形状提示功能，创建由字母 A 变成字母 B 的补间形状动画，如图 6-47 所示。

2. 在 Flash 8 中创建一个飞机沿固定路线飞行的动画，如图 6-48 所示。

图 6-47　使用形状提示创建补间形状动画　　　图 6-48　飞机沿固定路径飞行的动画

3. 创建一个文本动画"飞翔的 Flash"。

　　提示：（1）首先创建文本"Flash"，并将文本分离。

　　　　　（2）选择"修改"→"时间轴"→"分散到图层"命令，将文本分散到各图层，如图 6-49 所示。

图 6-49　将文本分散到不同图层

　　（3）将每个字母转换成元件并设置补间动画，如图 6-50 所示。

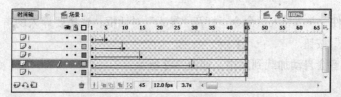

图 6-50　为各字母创建动画

第**7**章 合成声音

学习目标

☑ 了解导入和使用声音的方法

☑ 掌握压缩并导出声音的方法

7.1 导入和使用声音

在动画中添加声音使得动画更加有吸引力，更加形象。Flash 中的声音可以分为两种类型，分别是事件声音（Event Sound）和流声音（Stream Sound）。

事件声音多应用在按钮或是固定动作中的声音。例如当鼠标移动到某个按钮上时，就会自动发出声音。其最大的特点就是，声音文件必须完全传送完成后才能在浏览器中播放，因为它需要对用户的动作进行实时反应。这种声音一般都选择比较短暂的。

流声音一般应用于背景音乐或是不需要与场景内容配合的情况，音乐内容可以慢慢地从服务器传送，而且动画的画面也不需要与声音同步。当浏览器在播放这种类型的声音时，只要先接收到足够的声音数据，就可以开始播放，剩余的数据可以稍后再继续下载。

在 Flash 作品中，用户可以按自己的需要选择一种格式来使用，以达到最好的效果。

7.1.1 导入声音

要在 Flash 8 中导入声音文件，可以直接导入到动画的时间轴中，也可以导入到库中。可以被 Flash 导入的声音文件格式有 AU、WAV、AIFF、MP3。在 Flash 中添加的声音最好是 16 位声音，以保持良好的音色，如果内存有限，可以考虑缩短声音或使用 8 位声音。

【操作实例 1】将 Flash 声音导入到库中。

目标：导入一个声音文件，并加载到库中。

操作过程：

（1）选择"文件"→"导入"命令，打开"导入"对话框，选择要导入的声音文件，如图 7-1 所示。单击"打开"按钮。

（2）导入的声音会自动加载到库中，如图 7-2 所示。

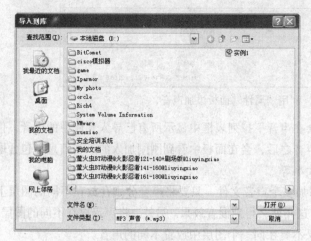

图 7-1　导入声音

图 7-2　加载到库中的声音

所有导入到 Flash 中的声音文件都会成为库中的一个元件，以后可以重复使用。

7.1.2　在动画中添加声音

当声音文件被成功地导入到库中之后，即可以将它们应用到动画中。添加声音时，最好将每个声音放置在不同的层中，而且添加到时间轴中的声音才可以应用。

【操作实例 2】给动画添加声音。

目标：将声音文件放置到时间轴上并播放。

操作过程：

（1）选择"插入"→"图层"命令，在时间轴中为声音加入一个新的图层，以放置声音，如图 7-3 所示。

（2）将要放置声音的图层重命名为 sound，以便于日后的管理，如图 7-4 所示。

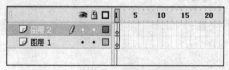

图 7-3　新建声音图层

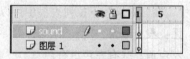

图 7-4　改图层名为 sound

（3）选择 sound 图层，将声音从"库"面板中直接拖动到场景中，并在第 60 帧处单击并按【F6】键插入关键帧。这时就看到 1～60 帧出现的声音波形图，如图 7-5 所示。

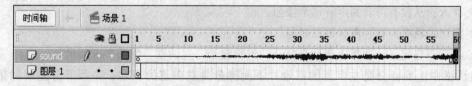

图 7-5　sound 图层中的声音波形

（4）也可以选取要加入声音的帧，然后打开"属性"面板。在"属性"面板的"声音"下拉列表框中选择要添加的声音文件名，如图 7-6 所示。

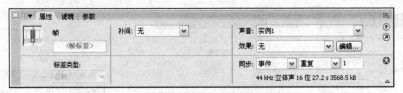

图 7-6　利用"属性"面板添加声音

　　如果在文件中导入了多个声音，会在声音下拉列表框中显示所有已导入到库中的声音，任意选择一个后即可加入声音。选择一个声音之后，会在面板中看到刚刚加入的声音信息，包含取样频率、立体声格式、播放长度及文件大小等。

　　Flash 允许在同一个动画文件中添加多个声音文件，只要将声音分别存放在不同的图层上即可。在播放时，这些声音会一起播放，这样就会得到混音效果。另外，将声音放在不同的图层中，其主要好处是方便用户进行编辑。建议不要在同一个图层中放置不同的声音。

7.1.3　设置声音效果和同步方式

1．设置声音效果

　　Flash 中可以简单地设置声音的不同效果，操作过程如下：

（1）单击声音所在图层的关键帧。

（2）在"属性"面板的"效果"下拉列表框中设置声音效果，如图 7-7 所示。

图 7-7　设置声音效果

　　其中，在"效果"下拉列表框中可以进行如下设置：

① 无：没有效果。

② 左声道：只有左声道有声音。

③ 右声道：只有右声道有声音。

④ 从左到右淡出：播放的声音渐渐由左声道移到右声道。

⑤ 从右到左淡出：播放的声音渐渐由右声道移到左声道。

⑥ 淡入：从没有声音到声音逐渐增强。

⑦ 淡出：从有声音到声音逐渐减弱。

⑧ 自定：自定义。选择该项后会打开"编辑封套"对话框，如图 7-8 所示。

　　对话框中上面部分是左声道的声效；下面部分是右声道的声效；中间部分是时间轴。其中，小方块可以调节此处声音的音量。上下两组声道中每组最多可添加 8 对小方块，如图 7-9 所示。

　　若想去除多余的小方块，只需将小方块直接拖动到对话框外即可。

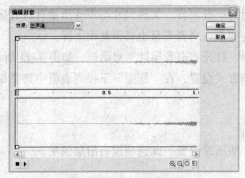

图7-8 "编辑封套"对话框

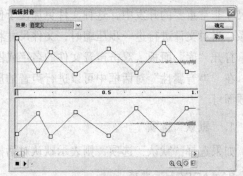

图7-9 添加音量调节线

2. 设置声音同步

设置声音同步，操作过程如下：

（1）单击声音所在图层的关键帧。

（2）在"属性"面板的"同步"下拉列表框中设置声音播放的方式，如图7-10所示。

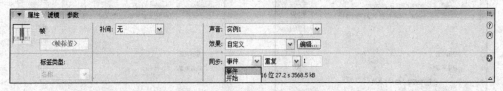

图7-10 设置"同步"选项

其中，"同步"下拉列表框中可以进行以下设置：

① 事件：与事件同步播放。不论动画是否停止，声音在开始显示关键帧时播放，并且与时间轴独立播放。事件声音常常用于做背景音乐和其他不需要强调同步效果的声音。

② 开始：与前面的事件声音大致相同，只是它不再随着事件的重复而重新播放声音。开始声音较多用于按钮。当两个相同的按钮被使用时，若按钮上设置的声音事件为"同步"中的"开始"属性，则发生事件时声音将按此情况播放。

③ 停止：停止播放声音。

④ 数据流：流式播放与帧同步。与事件声音不同的是，事件声音可以在动画之后仍然播放，而流式声音则和动画同时停止，流式声音播放的时间与帧的长度相同。

（3）在"循环"文本框中输入声音循环的次数。

7.2 压缩并导出声音

在完成创建一个 Flash 动画后，必须要执行发布的过程或进行最后的定稿演示。在发布 Flash 动画时，所有的音频内容将被导出，并包含于最后完成的动画中。

在声音被导出时，通常要在带宽受限制的环境中将其从原始格式转换为某种更加容易管理的格式。由于音频会大幅度的增加影片文件的尺寸，因此声音导出一般都要进行压缩。用户可以通过设置声音的属性来实现更新、替换和压缩等操作。

压缩可有多种不同的格式。压缩过程是将原始文件压缩成一个更加简洁、紧凑的文件，在文件尺寸非常重要的开发中，这种文件更加便于使用。一般而言，文件尺寸与声音质量有着直接的关系。当对文件进行进一步压缩时，文件尺寸将会变小，声音质量也将因此而下降。

打开"库"面板，双击声音文件的名字或图标，打开"声音属性"对话框，如图 7-11 所示。

在"声音属性"对话框中可以进行声音的压缩方式设置，在"压缩"下拉列表框中选择相应选项即可。

1. "默认"选项

如果选择"默认"选项，则表示默认对话框中的压缩设置，此选项没有附加选项。

2. "ADPCM"选项

"ADPCM"（自适应音）选项用于设置 8 位或 16 位声音数据的压缩，如图 7-12 所示。该选项最适合持续时间较短的声音，其在较低质量下仍能正常播放压缩的声音。

图 7-11　"声音属性"对话框

图 7-12　"ADPCM"选项

其各附加选项的含义如下：

① "将立体声转换为单声道"复选框用于将立体声变为混合单声道。

② "采样率"下拉列表框用于设置导出文件的采样率，其值为 5～44kHz。设置值越高，声音的保真效果越好，但文件也就越大，所以应根据实际情况选择采样率。

- 5kHz：采样率低，如果声音中有语音，则不能使用。
- 11kHz：标准 CD 采样率的 1/4。
- 22kHz：标准 CD 采样率的 1/2，是 Web 播放的选择。
- 44kHz：标准 CD 采样率。

③ "ADPCM 位"下拉列表框用于压缩的比值。值越高压缩越大，文件越小，但音效也越差。

3. "MP3"选项

MP3 压缩方式用于发行 CD 质量或接近 CD 质量的数字音频压缩方式。MP3 压缩方式对于动画中的音乐、对话、长时间的声音效果和任何种类的流式同步声音的压缩是一个最好的选择。它可以在最后完成的文件尺寸和声音质量方面产生非常好的效果。

如果导入的文件格式是 MP3，则用户可以选择"使用导入的 MP3 品质"复选框，按相同的设置导出 MP3 文件，如图 7-13 所示。

预处理：在比特率为 16kbit/s（即 16kbps）或更低时，此项为灰色，表示不可用。只有在比特率高于 16kbit/s 时该项才有效。

比特率：可以决定声音的品质，为了获得较满意的结果可以设置较高的比特率，但是更高的设置将带来较大的文件。可以创作多个版本，将导出的声音质量与文件尺寸进行衡量比较。在可接受的声音品质和可管理的文件尺寸之间，56kbit/s 是一个很好的平衡点，使用 112kbit/s 或更高的比特率会产生接近 CD 质量的声音。

品质：可以在"快速"、"一般"和"最佳"中选择。"快速"可以对文件迅速进行压缩，适合于发布到 Web 上的动画，但音质最低；"一般"和"最佳"有较好的音质，但速度较慢，适合于在本地或 CD 上运行的动画。

4."原始"选项

选择"原始"选项时声音没有被压缩，声音被混合到单一声道中，并且采用较低的采样比率，如图 7-14 所示。

图 7-13　"MP3"选项　　　　　　　　　　图 7-14　"原始"选项

5."语音"选项

"语音"选项是专门为语音而设计的。若要在动画中加入对白，用此项压缩可以产生相当好的效果，而且可以保持较小的文件。使用语音压缩的设置如图 7-15 所示。

图 7-15　"语音"选项

7.3　上机操作综合指导

【上机操作指导】

操作目标：

在 Flash 8 中制作一个 MTV。利用前面讲过的知识，用户可以制作一个喜欢的 MTV，运用前面所学的知识，将画面做好，注意选择图像与歌的节奏相匹配即可。

操作过程：

（1）首先找一首歌曲，只要是 Flash 支持的格式就可以（如果是其他格式，也可以使用相应软件将其转换为 Flash 支持的格式）。

（2）准备一些图片，最好是能和歌曲内容配合的图片。

（3）先将图片、歌曲导入到库中备用，如图 7-16 所示。

（4）将图片制作一些简单的动画效果，动画效果要与音乐节奏相配合，这样才能体现出 MTV 的效果，如图 7-17 所示。

图 7-16　将图片和声音导入到库中　　　　图 7-17　MTV 动画效果制作图

（5）新建一个图层，将图层名改为 sound，将声音导入，如图 7-18 所示。

（6）选择声音的同步效果，单击层中的关键帧，打开"属性"面板，选择"同步"下拉列表框中的"数据流"选项，如图 7-19 所示。

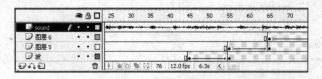

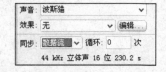

图 7-18　加入声音图层　　　　　　　　图 7-19　声音的效果

（7）为了让声音与歌词同步，要在这个帧上按住【F5】键，文字有多少，它的长度就应该有多少，否则会不连贯。然后再根据歌曲的速度放歌词，就可以达到同步。

（8）这样，一个 DIY 的 MTV 就做好了，选择"控制"→"测试影片"命令，即可以看到这个 MTV。如果将歌词一句句地与曲调配合好，还可以将它改为卡拉 OK 的形式。

小结与提高

- 本章主要讲述如何在 Flash 8 中导入声音。导入的声音一般作为背景声音或是为按钮添加声音。声音的编辑主要在于如何与动画协调。
- 在 Flash 中对声音的处理只能是适当地调节音量，其他效果的处理都不是很理想，剪辑一段声音基本是不可能的，所以对声音的处理最好使用其他处理软件。
- 在 Flash 8 中使用声音有两种方法，一种是直接导入到动画中，这种情况下的声音能在场景中进行编辑，如编辑头尾、效果、同步、循环等，作为事件能跨场景播放，作为数据流不能跨场景播放；另一种是导入到库中，这种声音不能编辑但能跨场景播放。
- 如果希望声音持续地播放，可以将重复次数设得多一点，不必担心会因此增大 Flash 文件的大小。
- 为动画录制声音，最好先采用.wav 的格式导入到动画中，然后在发布的时候再选择一种压缩方式。

思考和练习

一、填空题

1. Flash 支持的音频格式有_____、_____、_____和_____。
2. 在 Flash 中设置声音的同步形式有_____、_____、_____和_____。
3. _____决定声音的品质，_____声音品质越好。
4. Web 播放选择的声音频率是_____。
5. 在 Flash 中导出声音有_____、_____、_____和_____的压缩方式。

二、问答题

1. 如何向 Flash 动画导入声音？
2. 编辑声音时如何使声音与动画同步？效果中的声音封套如何使用？
3. 在设置导出声音时如何兼顾播放效果？

三、上机操作题

创建一个按钮，并给这个按钮添加声音。

提示：给按钮添加的声音一定要选择短小的声音，而且要添加在按钮上，而不是按钮的 4 个帧上。

第 **8** 章 交互式动画基础知识

学习目标

- ☑ 了解撰写脚本的基础知识
- ☑ 掌握动作脚本的语法
- ☑ 掌握变量的使用
- ☑ 掌握表达式与运算符的基础知识
- ☑ 了解事件的基础知识

8.1 编 写 脚 本

动作脚本就是在动画运行过程中起到控制和计算作用的程序代码。理解和掌握好脚本的基本元素和编程技巧是学习深层次动画制作的根本。

1. 脚本概述

Flash 5 面世之后，编程越来越被重视，特别是推出 ActionScript 之后，编程变得更加重要。作为用户不必非常了解每一个 ActionScript 的元素，只要有一个清晰的目标就可以开始简单的编程。当然，动作脚本有其语法和规则，这些语法和规则用来确定哪些字符和单词可以产生什么样的交互效果。

2. 使用动作面板

一些简单的动画用到的 ActionScript 并不多，因此可以在"动作"面板中完成。选择"窗口"→"动作"命令即可以进行编程。不同的对象就有不同的"动作"面板，当对象为影片剪辑时，"动作"面板如图 8-1 所示。

图 8-1 "动作-影片剪辑"面板

"动作"面板有两种模式：标准模式和专家模式。

- 标准模式：命令已经分好了类别，可以直接进行选择，如图 8-2 所示。

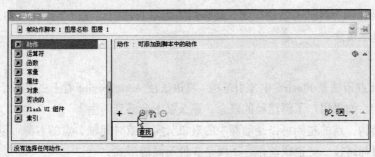

图 8-2 标准模式动作面板

- 专家模式：用户可以直接输入命令，就像平时的编程一样，如图 8-3 所示。

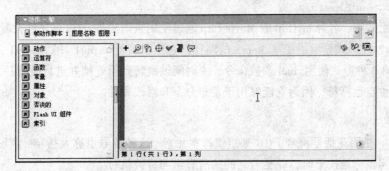

图 8-3 专家模式动作面板

3. 为对象添加动作

要为对象添加动作，可以通过在"动作"面板中编写语句来完成。例如，要指定当用户按【L】键时链接到一个网页，则可以给按键【L】附加以下动作。

```
on (keyPress"L"){
getURL("http://www.taobao.com");
}
```

"动作"面板中的程序如图 8-4 所示。

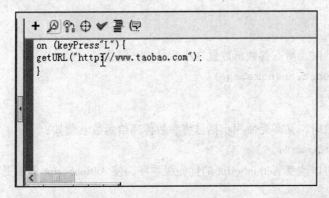

图 8-4 指定按钮的按键事件

8.2 动作脚本的语法

任何编程语言都有自己的语法规则，动作脚本也有自己的语法。下面介绍的是 ActionScript 的基本语法和基本概念。

1. 点语法

ActionScript 点语法是 Flash 5 中才引进的。点语法使 ActionScript 看上去类似于 JavaScript。点语法类似于路径，如果用户了解路径的概念，那么就不会感到陌生。

点语法的结构：点的左侧可以是动画中的对象、实例或时间轴，点的右侧可以是与左侧元素相关的属性、目标路径、变量或动作。下面是 3 种不同的形式：

```
myClip.visible=0;
menuBar.menu1.item5;
_root.gotoAndPlay(5);
```

在第 1 种形式中，名为 myClip 的 Movie Clip 通过使用点语法将_visible 属性设置为 0，使得它变为透明。第 2 种形式显示了变量 item5 的路径，它位于动画 menu1 中，menu1 又嵌套在动画 menuBar 中。第 3 种形式使用_root 参数命令，主时间轴跳转到第 5 帧并进行播放。

点语法又称点运算符，因为它能够用于发布命令和修改属性。

2. 花括号

ActionScript 使用花括号符号（{}）来组织脚本元素（这种符号也称大括号、波形括号）。在下面的程序中，当鼠标被按下时，花括号之间的所有语句将被执行。

```
on(release){
dots_color.setRGB(0x00cc00);
}
```

3. 分号

在 ActionScript 中使用分号作为结束标志。例如，下面的语句中就使用分号作为结束标志。

```
gotoAndPlay();
row=0;
```

如果忽略了分号，Flash 也能正确编译脚本。但是，建议使用分号作为结束标志，以使程序清晰易读。

4. 小括号

当用户定义函数时，所有参数都放置在小括号内。例如：

```
function myFunction(name,age){
…
}
```

当用户调用函数时，又需要使用小括号将参数传递给函数。例如：

```
myFunction("Linda",16);
```

使用小括号还可以改变 ActionScript 的优先级顺序，使 ActionScript 语句更容易阅读。

5. 大写和小写字母

在 ActionScript 中，关键字、类名、变量等都区分大小写，其他则无所谓。例如，下面的语句是等价的。

```
cat.hill=true;
CAT.hill=true;
```

但是，建议最好统一大小写，这样有助于使 ActionScript 代码中的函数和变量名等更容易识别。例如，下面的语句就可以验证 ActionScript 是区分大小写的。

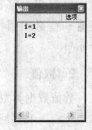

图 8-5　输出结果

```
var i=1;
var I=2;
trace("i="+i);
trace("I="+I);
```

输出结果如图 8-5 所示。

6. 注释

在 "动作" 面板中，使用 comment 动作可以为脚本添加注释信息，使代码更容易阅读。如果在团队中工作，则使用注释还可以向其他开发人员传递信息。

在 "动作" 面板中，注释以粉红色显示。用户可以添加任意长度的批注而不会影响导出文件的大小。

7. 关键字

ActionScript 在语言中保留了若干关键字以作特殊用途。用户不能使用它们作为变量名、函数或标签名。表 8-1 列出了 ActionScript 中所有的关键字。

表 8-1　ActionScript 中的所有关键字

break	else	instanceof	typeof
case	for	new	var
continue	function	return	void
default	if	switch	while
delete	in	this	with

8. 常数

常数就是一种属性，这种属性的值永远都不会发生变化。

8.3　数据类型

数据类型是描述变量或动作脚本元素可以包含的信息种类。数据类型包含两类：原始类和引用类。原始类数据类型又包括字符串、数值和布尔值，它们都有一个常数值，因此可以包含它们所代表元素的实际值。引用类数据类型包括动画和对象，它们的值是可变的，因此它们包含对该元素实际值的引用。每种数据类型都有自己的规则。

1．字符串

"字符串"是包括字母、数字和标点符号等在内的字符序列。在动作脚本中，用户可以在单引号或双引号内输入字符串。字符串被当作字符而不是变量进行处理。还有一些必须用特殊的转义码才能表示的字符，如表 8-2 所示。

表 8-2　部分转义码

转　义　码	字　　　符
\b	退格键
\n	回车符
\\	反斜杠

2．数值

数值数据类型是双精度浮点数。可以使用加（＋）、减（－）、乘（×）、除（÷）、余数（％）、递增（＋＋）和递减（－－）来控制数值，也可以使用内置的 Math 和 Number 类来处理数值。

3．布尔值

布尔值只有两种选择：true 和 false。有时动作脚本也会将它们转换为 1 和 0，布尔值经常和逻辑运算符一起用在控制脚本的程序中。

4．对象

对象是属性的集合。每个属性都有自己的名称和值。属性的值可以是任何的 Flash 数据类型，甚至是对象数据类型，这样就可以使对象相互包含或嵌入其他对象。要指定对象及其属性，可以使用点运算符。

5．影片剪辑

影片剪辑是 Flash 影片中可以播放动画的元件。它们是唯一引用图形元素的数据类型，可以利用点运算符来指定对象及其属性。通过动作脚本的 MovieClip 对象包含的方法可以对舞台上的影片剪辑符号进行控制。

6．空值与未定义数据类型

空值数据类型只有一个值，即 null，此值代表"没有值"，但不为 0。null 可以用在各种情况中，如指示变量尚未接收到值、指示变量不再包含值、指示函数没有可以返回的值、指示省略了一个参数等。

未定义数据类型有一个值，即 undefined，用于尚未指定值的变量。

8.4　变量的使用

变量实际是一个包含信息的空间。此空间不会改变，但其中的内容是可以改变的。在动画播放的过程中修改变量中的值，可以记录和保存用户操作的信息。变量可以存放任何数据类型，包括数值型、字符串型、布尔型、对象或动画等。每个动画和动画片断都有自己的一组变量，每个变量都有独立于其他变量的值。

1．命名变量与输入变量

命名变量要遵守下面的规则：

• 必须是标识符。

- 不能是关键字、布尔值。
- 在其范围内一定是唯一的。

输入变量时，用户不必明确定义变量包含的数据类型，Flash 可以根据变量被赋值的情况自动确定变量的数据类型。例如：

```
x=5;
```

在表达式 x=5 中，x 的数据类型为数值型；若 x="good"，则此时 x 的数据类型改为字符串类型。没有赋值的变量其数据类型为 undefined。

2. 确定变量范围

所谓确定变量的范围，就是指变量被认可和引用的区域。在动作脚本中有 3 种类型的变量范围：
- 局部变量：在自身代码块中有效的变量（在花括号内）。
- 全局变量：即使没有使用目标路径指定，也可以在任何时间轴内有效。
- 时间轴变量：在使用目标路径指定的任何时间轴内有效。

使用局部变量可以防止命名冲突，减少动画中可能发生的错误。因为局部变量只能在其自身的代码块中修改，所以较好的做法是在函数的主体中使用局部变量。如果在函数的表达式中使用了全局变量，则当全局变量的值在函数外被修改时，函数也将被修改。

3. 声明变量

不同的变量类型声明的形式有所不同。要声明时间轴变量，可以使用 set variable 动作或赋值运算符（=），两种方法可获得一样的结果。要声明局部变量，可以在函数主体内使用 var 语句。局部变量只在自身的代码块中有效，超出该代码块即无效。要声明全局变量，可以在变量名前面使用 _global 标识符。例如，创建一个全局变量 myBook。

```
_global.myBook="China";
```

要测试变量的值，可以使用 trace 动作将变量的值发送到输出窗口。trace 语句类似于经常用到的 printf 语句。

4. 在脚本中使用变量

在脚本中使用变量，必须先声明变量。如果使用了一个未声明的变量，则变量的值将是 undefined，脚本也会因此产生错误。例如：

```
getURL (myWebSite);
myWebSite="http://www.taobao.com"
```

声明变量 myWebSite 的语句必须在使用变量的前面，只有这样，getURL 动作中的变量才能被正确替换。

在程序中，变量的值可以被多次修改。变量所包含的数据类型将影响到变量修改的方式和时间。原始数据类型都是通过值进行传递的，这意味着变量的实际内容被传递到变量中。

例如：

```
var x=15;
var y=x;
var x=30;
```

输出的结果是 x=30，y=15。

8.5　表达式与运算符

　　Flash 中表达式是指可以取得返回值的任何语句。用户可以通过运算符、求值、调用函数等方法创建表达式。如果在"动作"面板的普通模式下编写表达式，则请确认已经选中了表达式复选框，否则在参数框中包含的只是文本字符串。

　　运算符是指定如何合并、比较或修改表达式中值的字符。运算符所操作的元素称为操作数。

1．表达式和运算符的输入

　　可以在"动作"面板中输入表达式和运算符，如图 8-6 所示。

　　其中输入的整条语句就是表达式，中间用的+、* 就是运算符。

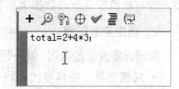

图 8-6　"动作"面板中的表达式

2．运算符的优先级

　　当同一个语句中使用两个或两个以上的运算符时，一些运算符就会优于其他的运算符。动作脚本语言严格按照运算符的优先级顺序来执行语句。例如，乘除优于加减，括号优于乘除。

　　当两个或两个以上的运算符具有相同的运算优先级时，它们将按照从左到右的原则运算。

3．算术运算符

　　算术运算符可以执行加、减、乘、除和其他数学运算。最常见的是递增或递减的用法，如：i++、k--。脚本中常见的算术运算符如表 8-3 所示。

表 8-3　算术运算符

算术运算符	执行的运算	算术运算符	执行的运算
+	加	%	求余
-	减	++	递增
*	乘	--	递减
/	除		

4．比较运算符

　　比较运算符用于比较表达式的值，然后返回一个布尔值 true 或 false。比较运算符常用于条件语句和循环语句。脚本中常见的比较运算符如表 8-4 所示。

表 8-4　比较运算符

比较运算符	比 较 操 作	比较运算符	比 较 操 作
<	小于	<=	小于或等于
>	大于	>=	大于或等于

5．字符串运算符

　　字符串运算符（+）可以将两个字符串连在一起。例如，"好好"+"学习"得到的结果是"好好学习"。如果相加的项目中只有一个是字符串，则 Flash 会自动将另一个操作数转换为字符串。

比较运算符 >、>=、< 和 <=在处理字符串时也有特殊的效果。这些运算符会比较两个字符串，以确定哪一个字符串按字母数字顺序排在前面。只有在两个操作数都是字符串时，比较运算符才会执行字符串比较。如果只有一个操作数是字符串，动作脚本会将两个操作数都转换为数字，然后执行数值比较。

6. 逻辑运算符

逻辑运算符对布尔值（true 或 false）进行比较，然后返回第 3 个布尔值。例如，两边的逻辑值都是 true，则逻辑与运算符（&&）将返回 true。如果其中一边或两边的逻辑值为 true，则逻辑或运算符（||）将返回 true。逻辑运算符通常与比较运算符结合使用。表 8-5 所示为常用的逻辑运算符。

表 8-5　逻辑运算符

逻辑运算符	操　作
&&	逻辑与
||	逻辑或
!	逻辑非

7. 按位运算符

按位运算符在内部处理浮点数，将它们转换为 32 位整型。执行的确切运算取决于运算符，但是所有的按位运算都会分别评估 32 位整型的每个二进制位，从而计算新的值。表 8-6 所示为动作脚本常用按位运算符。

表 8-6　按位运算符

按位运算符	操　作	按位运算符	操　作
&	按位与	<<	左位移
~	按位非	>>	右位移
		按位或	>>>	右位移填零
^	按位异或		

8. 赋值运算符

程序中使用赋值运算符（=）为变量赋值，例如：var x=5；用户还可以使用赋值运算符给同一个表达式中的多个变量赋值。在下面的语句中，a 的值会被赋予变量 b、c 和 d。

a=b=c=d；

用户还可以使用复合赋值运算符联合多个运算，复合运算符可以对两个操作数都进行运算，然后将新值赋给第一个操作数。如下面的语句结果是等价的。

x+=5；

x=x+5；

表 8-7 所示为常见的赋值运算符。

表 8-7　赋值运算符

赋值运算符	执行的运算	赋值运算符	执行的运算
=	赋值	*=	相乘并赋值
+=	相加并赋值	%=	求余并赋值
-=	相减并赋值	/=	相除并赋值

9．点运算符和数组访问运算符

用户可以使用点运算符（.）和数组运算符（[ ]）访问任何内置或自定义程序中的对象属性。点运算符在左边使用对象，右边使用属性或变量。属性或变量不能是从字符串获取的字符或变量，而必须是标识符。点运算符和数组访问运算符是一样的，但点运算符将标识符作为其属性，而数组访问运算符则从其内容中获取名称，然后读取命名属性的值。用户可以使用数组访问运算符动态设置和检索实例名称和变量，也可以用在赋值运算符的左边，这时允许用户动态设置实例、变量和对象的名称。

8.6　条件语句和循环语句

按照结构化语言的特点，脚本程序的结构一般分为顺序结构、分支结构和循环结构。其中顺序结构最为简单，就是在语句执行的时候，程序将按照顺序执行语句。在这里主要介绍分支结构和循环结构。

8.6.1　条件语句

条件语句也称选择语句，可以根据条件的判断结果来执行相应的代码。条件语句包括两个类型，即 if 型和 switch 型。其形式如下：

1．if 语句

```
if（条件表达式）
{
…
}//条件成立的情况下，执行{}中的语句，否则跳过{}执行后面的语句
```

2．if…else 语句

```
if（条件表达式）
{①
…}
//条件成立，执行①内的语句
else
{②
…}
//条件不成立，执行②内的语句
```

另外，if 语句可以嵌套，实现多重判断。

3．switch…case 语句

```
switch(表达式)
{
    case 表达式1：语句 1;break;
    case 表达式2：语句 2;break;
    …
    case 表达式n：语句 n;break;//根据 switch 的表达式执行相应的 case 语句
    //利用 break 跳出分支,若没有相匹配的表达式则执行 default 语句组
    default 语句组;
}
```

8.6.2　循环语句

如果要多次执行相同的语句，可以利用循环语句简化程序。

在 Flash 中有 3 种循环语句：

1. for 语句

```
for(表达式1;表达式2;表达式3)
{
循环体
}//条件成立时，执行的语句
```

其中：表达式 1 为开始循环的初始条件；表达式 2 为循环判断的条件；表达式 3 为每次循环后计算的表达式，通常为递增或递减。

2. for in 语句

该语句仅仅和数组以及对象数据类型一起使用。使用此语句可以在不知道数组中有多少个元素或元素一直在变化的情况下遍历所有的数组元素。

```
for(n in 数组名或对象数据类型)
{
…
}//遍历数组或输出对象数据类型
```

3. while 语句

while 循环在条件成立的时候，一直循环到条件不成立。

```
while(条件表达式)
{
…
}//条件为真时，执行{}中的语句，在循环过程中，也可以使用 break 语句跳出循环
```

【操作实例 1】用循环语句编写简单程序。

目标：求 $1+2+3+\cdots+99+100$ 的值。

操作过程：

（1）选择"文件"→"新建"命令，新建一个 Flash 文档。

（2）选择"窗口"→"动作"命令，打开"动作"面板，输入图 8-7 所示的脚本程序。

（3）按【Ctrl+Enter】组合键，在输出窗口看到输出结果，如图 8-8 所示。

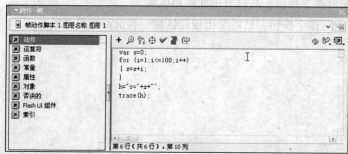

图 8-7　添加脚本程序

图 8-8　输出结果

8.7 事 件

事件就是动画中程序根据外部发生的事情作出的响应。在 Flash 中有 3 种事件。

- 关键帧事件。
- 鼠标（按钮）事件。
- 影片剪辑事件。

这 3 种事件都对应着可以在 Flash 中放脚本代码的位置。也就是说，将 3 种事件分别放置在对应的关键帧、按钮和影片剪辑实例中，右击这些地方，如果菜单中的动作选项是可以选择的，则意味着可以添加脚本动作，否则为灰色表示不可用。

1. 关键帧事件

当将程序放在关键帧中的时候，只要 Flash 到达所在关键帧，程序就开始执行。因为关键帧事件只是在影片运行到相应的关键帧时才会被激发，所以一般只将关键帧作为一个放置通用代码的地方。

2. 鼠标事件

鼠标事件也称按钮事件，是指一种基于光标位置和移动产生的交互性事件。鼠标事件只能在场景的按钮实例中放置，而不能在按钮的 4 个状态关键帧中放置。放置在 4 个状态关键帧中的所有动作将被忽略。

鼠标事件用到 on() 语句。使用方法如下：

```
on（mouseEvent）
{
…
}//所执行的语句
```

mouseEvent 的参数如下：

① press：在光标经过按钮时按下按钮。

② release：在光标经过按钮时释放按钮。

③ releaseOutside：光标在按钮之内时按下按钮，将光标移到按钮之外时，释放按钮。

④ rollout：光标滑出按钮区域。

⑤ rollover：光标滑过按钮区域。

⑥ dragOut：在光标滑过按钮时按下按钮，然后滑出此按钮区域。

⑦ dragOver：在光标滑过按钮时按下按钮，然后滑出按钮区域，再滑回按钮区域。

⑧ keyPress：按下指定的键。

3. 影片剪辑事件

影片剪辑事件用法如下：

```
onClipevent（movieEvent）
{
…
}//执行的语句
```

其中 movieEvent 的参数如下：

① load：影片剪辑装载时被激发。

② unload：影片剪辑卸载时被激发。

③ enterFrame：当进入一帧时激发，先处理与 enterFrame 剪辑事件关联的动作，然后才处理附加到受影响帧的所有帧动作。

④ mouseMove：当鼠标移动时激发。

⑤ mouseDown：当按下鼠标左键时激发。

⑥ mouseUp：当释放鼠标左键时激发。

⑦ keyDown：当按下某个键时激发。使用 Key.getCode() 获取有关最后按下的键的信息。

⑧ keyUp：当松开某个键时启动。使用 Key.getCode() 获取有关最后按下的键的信息。

⑨ date：当使用 loadVariables（载入变量）或 loadMovie（载入影片）接收数据时激发此动作。

【操作实例 2】给动画添加简单的脚本程序。

目标：制作可以自动判断对错的算术题。

操作过程：

（1）选择"文件"→"新建"命令，新建一个动画文件，并导入背景到舞台上。

（2）在舞台上建立一个减法运算的算式，如图 8-9 所示。将其中的"-"和"="设置为静态文字。

图 8-9 建立减法表达式

（3）选择"窗口"→"属性"命令，打开"属性"面板，将减号前后的两个文本框分别设置为"动态文本"，并将文本框变量分别设置为 a1 和 a2，如图 8-10 所示。

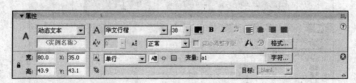

图 8-10 设置文本框属性

（4）将等号后面的文本框设置为"输入文本"，并将文本框变量设置为 a3，如图 8-11 所示。

（5）添加一个图层并命名为 action，单击选中该图层的第 1 帧，如图 8-12 所示。

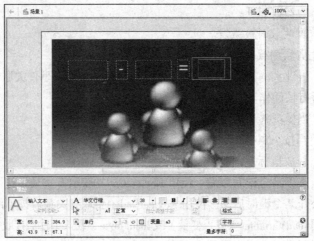

图 8-11　设置第 3 个文本框

图 8-12　新建一个图层

（6）选择"窗口"→"动作"命令，打开"动作"面板。在脚本窗口输入以下程序，如图8-13所示。

图 8-13　设置关键帧脚本

（7）在舞台上添加一个确认按钮。选中该按钮并在"动作"面板中编写脚本程序，如图8-14所示。

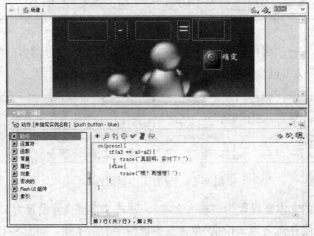

图 8-14　为按钮添加脚本

（8）按【Ctrl+Enter】组合键进行测试。

8.8 上机操作综合指导

【上机操作指导 1】

操作目标：

制作一个可以通过键盘的方向键控制其在屏幕上爬行的宠物。

操作过程：

（1）选择"文件"→"新建"命令，新建一个动画文件。然后按【Ctrl+F8】组合键创建一个动画。这个动画就是后面要用键盘控制其运动的"宠物"，如图 8-15 所示。

（2）在这个动画片段的编辑窗口中，可以绘制喜欢的宠物，也可用导入的方式导入一个可爱的宠物。这里导入了一只可爱的瓢虫，选择"文件"→"导入"→"worm.gif"命令，导入图片效果如图 8-16 所示。

图 8-15　建立动画片段 worm　　　　　　图 8-16　导入图片

（3）再为 worm 加一个实时动态的阴影。用上述同样的方法创建，并调整好与 worm 的位置，命名为 shadow，如图 8-17 所示。

（4）在返回到场景 1 中，将时间轴窗口的第一个图层命名为 background，为了让动画更好看，导入一张背景图片，如图 8-18 所示。

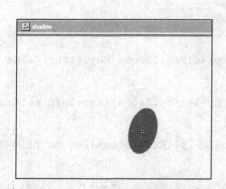

图 8-17　worm 的阴影片段 shadow　　　　　　图 8-18　场景 1 中背景

（5）在时间轴窗口新建一个图层，命名为 worm。将库中的动画片段 worm 和 shadow 拖放到该图层中，并使动画片段 worm 置于 shadow 的上面，如图 8-19 所示。

（6）选中动画片段 shadow，在"属性"面板中将其实例名改为 w-shadow，如图 8-20 所示。

图 8-19　摆好的图片　　　　　　　　　图 8-20　设置 w-shadow 的属性

（7）按【F9】键打开脚本窗口，选中动画片段 worm，在"动作"面板中输入语句，如图 8-21 所示。

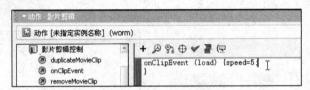

图 8-21　脚本语句窗口

此语句在动画进入时创建一个变量 speed，其值为 5。变量 speed 用来控制动画片段 worm 的位移，可以改变其大小，数值越大，worm 运动得越快。

（8）输入如下语句来响应键盘的动作。

```
onClipEvent (enterFrame){
    if(Key.isDown(Key.left)&&!Key.isDown(Key.right)){
        _x-=speed;
        _rotation=0;}
    if(Key.isDown(Key.right)&&!Key.isDown(Key.left)){
        _x+=speed;
    _rotation=0;}
if(Key.isDown(Key.up)&&!Key.isDown(Key.down)){
    _y-=speed;
    _rotation=0;}
if(Key.isDown(Key.down)&&!Key.isDown(Key.up)){
    _y+=speed;
    _rotation=180;}
if(Key.isDown(Key.left)&&!Key.isDown(Key.up)&&!Key.isDown(Key.right)&&!Key
.isDown(Key.down)){
    _rotation=315;}
if(Key.isDown(Key.right)&&!Key.isDown(Key.up)&&!Key.isDown(Key.left)&&!Key
.isDown(Key.down)){
    _rotation=45;}
if(Key.isDown(Key.left)&&!Key.isDown(Key.down)&&!Key.isDown(Key.right)&&!
Key.isDown(Key.up)){
    _rotation=225;}
if(Key.isDown(Key.right)&&!Key.isDown(Key.down)&&!Key.isDown(Key.left)&&!
Key.isDown(Key.up)){
    _rotation=135;}
if(_y<30){_y=342;}
if(_y>342){_y=30;}
if(_x<20){_x=446;}
```

```
if(_x>446){_x=20;}
with(_root.w_shadow){
    _x=this._x+3;
    _y=this._y+3;
    _rotation=this._rotation+45;}
}
```

其中，语句

```
if(_y<30){_y=342;}
if(_y>342){_y=30;}
if(_x<20){_x=446;}
if(_x>446){_x=20;}
```

是让 worm 不要跑出动画范围以外的地方，上面的数字可根据实际情况进行修改。

其中，语句

```
with(_root.w_shadow){
    _x=this._x+3;
    _y=this._y+3;
    _rotation=this._rotation+45;}
```

是为阴影加的运动，函数 with() 的用法，应引起大家的注意。

（9）动画制作完毕后，选择"控制"→"测试影片"命令测试影片，通过方向键就可以控制瓢虫的爬行。

【上机操作指导 2】

操作目标：

当主场景加载时，有一定数量的雪花随机分布在画面上，每帧播放后，这些雪花又会在 x 轴和 y 轴方向进行随机位移，从而在整体上产生下雪的效果。

操作过程：

（1）选择"文件"→"新建"命令，新建一个动画文件。文档大小为 550px × 400px 像素，帧频设为 25fps，导入一个匹配的背景，如图 8-22 所示。

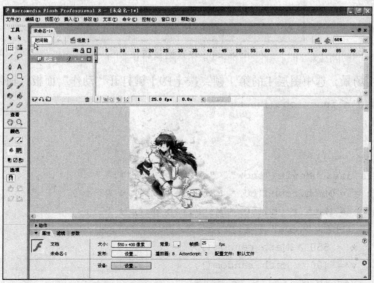

图 8-22　导入背景

（2）用线条工具在舞台上绘制一朵雪花，或用其他相关软件制作一朵无背景的雪花并导入到舞台。将该雪花选中，按【F8】键将其转换为电影剪辑（见图 8-23），并将主场景中的雪花电影剪辑删除，如图 8-23 所示。

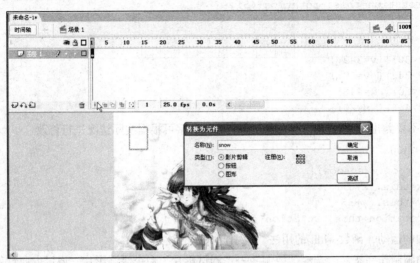

图 8-23　建立 snow 元件

（3）按【Ctrl+L】组合键打开"库"面板，在"库"面板中选中雪花电影剪辑，右击并选择"链接"命令，打开"链接属性"对话框，将"标识符"设为"snow"，并选择"为 ActionScript 导出"和"在第一帧导出"复选框，如图 8-24 所示。

图 8-24　设置链接属性

（4）返回主场景，选中图层 1 的第 1 帧，按【F9】键打开"动作"面板，输入以下代码：

```
this.onLoad = function (){
    n = 60;
    var i = 1;
    while (n >= i){
        this.attachMovie("snow", "snow" + i, i);
        var a = Math.round(60 * Math.random() + 41);
        var b = Math.round(50 * Math.random() + 51);
        with (this["snow" + i]){
            _x = 550 * Math.random();
            _y = 400 * Math.random();
            _xscale = a;
            _yscale = a;
```

```
            _alpha = b;
            _rotation =a;
            this["snow" + i].x = Math.cos(Math.PI * Math.random());
            this["snow" + i].y = 2+ 2*Math.random();
        }
        i++;
    }
}
this.onLoad();
this.onEnterFrame = function(){
    var a = 1;
    while (n>= a){
        with (this["snow" + a]){
            _x += x;
            _y += y;
            _rotation += y;
            if (_y > 400){
                _y =0;
            }else if (_x>550){
                _x=0;
            }else if(_x<0){
                _x=550;
            }
        }
    a++;
    }
}
```

其中，语句

```
this["snow" + i].x = Math.cos(Math.PI * Math.random());
this["snow" + i].y = 2+ 2*Math.random();
```

是雪花沿 x 轴每帧播放后的位移增量和雪花沿 y 轴每帧播放后的位移增量，应引起大家的注意。

（5）动画制作完毕后，选择"控制"→"测试影片"命令测试影片，就可以看到漫天飞舞的雪花。当然，同学们如果感兴趣也可以将这里的 while 循环改为 for 循环。

小结与提高

本章主要介绍了交互式程序的基本知识，对于初学者给出以下几点建议。

- 要正确使用 ActionScript 的术语。
- 可以将一个大程序分成多个小程序段，随时加以测试。
- 使用 trace 函数可以随时跟踪变量和属性的变化情况。
- 使用自动换行功能可以使工作更轻松。
- 建议使用注释代码。

思考和练习

一、选择题

1. 在 ActionScript 脚本语言中，Properties 称为属性，它的作用是（　　　）。

   A. 用来存放任何一种数据类型的标识符

   B. 定义在对象内部的变量

   C. 用于表达式中的计算

   D. 用于计算一个值

2. 下面关于 ActionScript 脚本语言中的变量说法不正确的是（　　　）。

   A. 在引用一个变量的时候，必须先进行声明

   B. 如果被设置了正确的路径，所有的时间序列都共享全局变量

   C. 变量的内容可以随时被改变

   D. 变量的行为决定了它们的类型

3. 要确定一个特定的时间轴为执行动作的目标，就需要对它进行标识，下面的方法中不正确的是（　　　）。

   A. 空格　　　　　　　B. 名称　　　　　　　C. 类别　　　　　　　D. 级层

4. 下列说法不正确的是（　　　）。

   A. goto 语句实现的功能是使影片跳到时间轴上指定的帧或场景，然后从此处停止或开始放映

   B. getURL 语句主要可以实现两个功能，将指定的 URL 加载到浏览器窗口或者将变量数据发送给指定的 URL

   C. 在 getURL 动作中使用"linego:"语句，需要在 Director 影片中对 linego 进一步说明

   D. "跟踪"的功能是可以在动画播放过程中随时显示其变量的值

5. Flash 中的目标路径以（　　　）为基础。

   A. 分层结构　　　　　B. 分组结构　　　　　C. 分类结构　　　　　D. 以上答案均不正确

二、上机操作题

1. 仿照本章中的例子，制作一个交互式动画。

2. 学习使用 ActionScript 脚本语言编写程序对动画进行控制。

第 **9** 章 创建交互式动画

学习目标

- ☑ 掌握如何交互控制动画的播放、停止和帧跳转
- ☑ 掌握如何交互控制动画的声音
- ☑ 熟悉影片剪辑的控制
- ☑ 熟悉影片的外部控制
- ☑ 了解创建用户自定义的光标
- ☑ 了解用键盘控制动画片的属性

9.1 控制动画的播放

Flash 8 可以通过一系列命令来交互控制动画的播放、停止以及其他属性。最简单的应用就是用一个"播放"按钮来开始动画片的播放，用一个"停止"按钮停止动画的播放。

Flash 8 不但可以用按钮来控制动画的播放，还可以用按钮来控制动画的声音，甚至可以用一个动画片断来控制另一个动画片断的播放和停止。

9.1.1 跳到特定帧或场景

1. gotoAndPlay 跳转并播放命令

常用格式：gotoAndPlay(scene, frame);

作用：跳转并播放，跳转到指定场景的指定帧，并开始播放。

参数：scene 指跳转至场景的名称，此项缺省则指跳转到当前时间轴的指定帧并开始播放；frame 指跳转到帧的名称或帧数。

2. gotoAndStop 跳转并停止命令

常用格式：gotoAndStop(scene,frame);

作用：跳转并停止，跳转到指定场景的指定帧，并停止播放。

参数：scene 指跳转至场景的名称，此项缺省则指跳转到当前时间轴的指定帧并停止播放；frame 指跳转到帧的名称或帧数。

【操作实例 1】利用按钮控制播放指针的位置，使其跳到特定的帧或者场景开始播放或停止。

目标：绘制一个大树一年四季的变化，并使用按钮来控制各个季节的交替。

第 1 步：绘制动画元素

（1）新建名称为"灰色矩形框"的图层，使用"矩形工具"，在屏幕下方绘制矩形，如图 9-1 所示。把矩形转换为图形元件，名称为"灰色矩形框"。

（2）新建名称为"地平面曲线"的图层，使用"钢笔工具"绘制一条曲线，如图 9-1 所示。把曲线转换为图形元件，名称为"地平面曲线"。

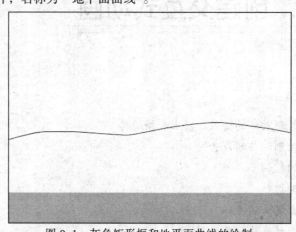

图 9-1　灰色矩形框和地平面曲线的绘制

（3）隐藏"灰色矩形框"图层和"地平面曲线"图层，新建名称为"树干"的图层，使用"钢笔工具"绘制一棵大树的树干，如图 9-2 所示。将其转换为图形元件，名称为"树干"。

（4）新建名称为"春天的新芽"的图层，绘制树干在春天的新芽，如图 9-3 所示。

图 9-2　绘制大树的树干　　　　图 9-3　绘制春天的新芽

（5）按住【Shift】键，逐一加选所有的新芽，注意不要误选择了树干。把所有的树芽转换为一个图形元件，名称为"新芽"。

（6）隐藏"春天的新芽"图层，新建名称为"夏天的树叶"的图层，绘制夏天里枝叶繁茂的树叶，如图 9-4 所示。

（7）按住【Shift】键将树冠的树叶和右边的树叶一起选择，转换为图形元件，名称为"夏天的树叶"。

（8）新建名称为"夏天的树叶 2"的图层，绘制左侧的树叶，如图 9-5 所示。将其转换为图层元件，名称为"夏天的树叶 2"。

图 9-4　夏天的树叶

图 9-5　夏天的树叶 2

（9）调整"夏天的树叶 2"图层的顺序，把其放置在"树干"图层的上方，如图 9-6 所示。这样左侧的树叶就能够遮住部分的树干，从而使整个画面更有层次感。

（10）隐藏"夏天的树叶"和"夏天的树叶 2"两个图层，新建名称为"秋天的枯叶"的图层，绘制秋天干枯的树叶和地面的落叶，如图 9-7 所示。

图 9-6　图层的顺序

图 9-7　秋天的枯叶

（11）选择所有的枯叶，将其转换为一个图形元件，名称为"秋天的枯叶"。

（12）隐藏"秋天的枯叶"图层，新建名称为"冬天的积雪"的图层，绘制树干上的积雪和地面的雪堆，如图 9-8 所示。

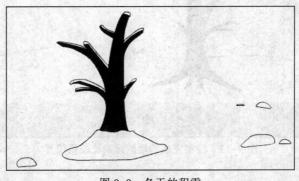

图 9-8　冬天的积雪

（13）新建名称为"按钮"的图层，绘制花朵的图形，如图 9-9 所示。将其转换为按钮元件，名称为"花朵"。

（14）绘制太阳的图形，如图 9-10 所示。将其转换为按钮元件，名称为"太阳"。

图 9-9　花朵按钮

图 9-10　太阳按钮

（15）绘制落叶的图形，如图 9-11 所示。将其转换为按钮元件，名称为"落叶"。

（16）绘制雪花的图形，如图 9-12 所示。将其转换为按钮元件，名称为"雪花"。

图 9-11　落叶按钮

图 9-12　雪花按钮

（17）把以上绘制的 4 个按钮图形分别缩放其大小，摆放到合适的位置，如图 9-13 所示。

图 9-13　绘制完成的动画元素及按钮位置

第2步：制作季节交替的动画

（18）选择"春天的新芽"图层，在第2帧按【F6】键插入关键帧，在第25帧按【F6】键插入关键帧。选择第2帧，单击选择"春天的新芽"元件，打开"属性"面板，将其Alpha值调整为0，使其完全透明，如图9-14所示。

（19）在2～25帧之间的任意帧上右击，在弹出的快捷菜单中选择"创建补间动画"命令（见图9-15），然后隐藏本层的显示。

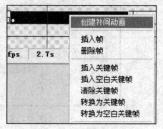

图9-14　"属性"面板　　　　　　　　图9-15　创建补间动画

（20）选择本层的第1帧，删除所有的内容，使第1帧成为一个空白关键帧，如图9-16所示。

图9-16　时间轴效果

（21）选择"夏天的树叶"图层，在第26帧和第50帧插入关键帧。选择第1帧，删除所有的内容。选择第26帧，选择"夏天的树叶"元件，在"属性"面板设置其Alpha值为0，使其完全透明。在26～50帧之间的任意一帧右击，在弹出的快捷菜单中选择"创建补间动画"命令，然后隐藏本层的显示。

（22）选择"夏天的树叶2"图层，在第26帧和第50帧插入关键帧。选择第1帧，删除所有的内容。选择第26帧，选择"夏天的树叶2"元件，在"属性"面板设置其Alpha值为0，使其完全透明。把本层拖放到"树干"层的上方，在26～50帧之间的任意一帧右击，在弹出的快捷菜单中选择"创建补间动画"命令，然后隐藏本层的显示，如图9-17所示。

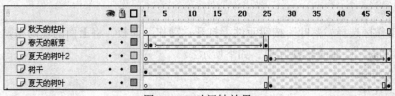

图9-17　时间轴效果

（23）选择"秋天的枯叶"图层，在第51帧和第75帧分别插入关键帧。选择第1帧，删除所有的内容。选择第51帧，选择"秋天的枯叶"元件，在"属性"面板设置其Alpha值为0，使其完全透明。在51～75帧之间的任意一帧右击，在弹出的快捷菜单中选择"创建补间动画"命令，然后隐藏本层的显示。

（24）选择"冬天的积雪"图层，在第76帧和第100帧分别插入关键帧。选择第1帧，删除所有的内容。选择第76帧，选择"冬天的积雪"元件，在"属性"面板设置其Alpha值为0，使其完全透明。在76～100帧之间的任意一帧右击，在弹出的快捷菜单中选择"创建补间动画"命令，然后隐藏本层的显示。

第 3 步：为动画添加动作

（25）选择"花朵"按钮元件，打开"动作"面板，单击"将新项目添加到脚本中"按钮，然后依次选择"全局函数"→"影片剪辑控制"→"on"选项，如图 9-18 所示。

（26）这时一段脚本代码便自动输入到"动作"面板下部的脚本窗口，在"on"后面的括号中，输入"rollOver"，如图 9-19 所示。

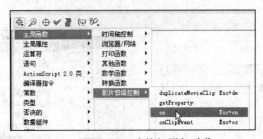

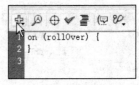

图 9-18　为按钮添加动作　　　　　　　　　图 9-19　添加的动作脚本

（27）在"on"后面的花括号中输入"gotoAndPlay(2);"。

（28）完整的动作脚本如下：

```
on (rollOver)
//当鼠标划过时
{gotoAndPlay(2);
//当前播放指针跳转到第 2 帧并开始播放
}
```

（29）复制上面的脚本代码。

（30）在工作区选择"太阳"按钮元件，打开"动作"面板，将上面的代码粘贴入脚本窗口，修改"gotoAndPlay"后面的帧数为 26，如下所示：

```
on (rollOver)
//当鼠标划过时
{gotoAndPlay(26);
//当前播放指针跳转到第 26 帧并开始播放
}
```

（31）在工作区选择"落叶"按钮元件，打开"动作"面板，将上面的代码粘贴入脚本窗口，修改"gotoAndPlay"后面的帧数为 51，如下所示：

```
on (rollOver)
//当鼠标划过时
{gotoAndPlay(51);
//当前播放指针跳转到第 51 帧并开始播放
}
```

（32）在工作区选择"落叶"按钮元件，打开"动作"面板，将上面的代码粘贴入脚本窗口，修改"gotoAndPlay"后面的帧数为 76，如下所示：

```
on (rollOver)
//当鼠标划过时
{gotoAndPlay(76);
//当前播放指针跳转到第 76 帧并开始播放
}
```

（33）按【Ctrl+Enter】组合键测试动画，发现树木有了一年四季的更替变化。单击下面的 4 个按钮，发现虽然按钮能控制树木的变化，但动画的自动播放会影响控制。

（34）选择"春天的新芽"图层的第 1 帧，在其"动作"面板中输入如下代码：

```
stop();
```

（35）在"春天的新芽"图层的第 25 帧输入：

```
stop();
```

（36）在"夏天的树叶"图层的第 59 帧和"秋天的枯叶"图层的第 75 帧输入：

```
stop();
```

（37）再次按【Ctrl+Enter】组合键测试动画，发现按钮能够控制树木的季节更替，如图 9-20 所示。最后保存文件，文件名为"9.1.1.fla"。

图 9-20　完成的动画

9.1.2　播放和停止动画

1．play()：播放命令

作用：播放当前影片。

2．stop()：停止命令

作用：停止当前播放的影片。

以上两个命令语句不但可以添加到帧上实现对播放指针的控制，还可以添加到相关对象（按钮、影片剪辑等）上实现同样的功能。如果添加到帧上，当播放指针播放到这一帧时，执行该命令。如果添加到相关对象上，需要为其指定一个执行该命令的条件（事件），当指定的事件发生时，执行该命令。

【操作实例 2】使用"play();"和"stop();"命令语句控制动画汽车的前进和停止。

目标：创建一个汽车行驶动画，并用播放和停止命令来控制汽车的行进和停止。

操作过程：

第 1 步：绘制动画元素

（1）打开 Flash 8，在工作区右击并选择"文档属性"命令，打开"文档属性"对话框，根据图 9-21 所示修改文档的属性。

（2）把"图层 1"改名为"汽车"，使用"钢笔工具"、"椭圆工具"和"矩形工具"，在工作区绘制一个卡通汽车的形状，并转换为名称为"汽车"的图形元件，如图 9-22 所示。

图 9-21　"文档属性"对话框

图 9-22　汽车的效果图

（3）新建一个图层，命名为"地面"，使用"线条工具"在工作区下方绘制（配合【Shift】键）一条水平的直线，作为汽车行驶的地面。

（4）把"汽车"元件按比例缩小，放置到画面右边，工作区域之外，并使车轮底部与地面对其，如图 9-23 所示。

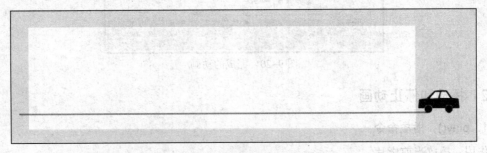

图 9-23　画面整体效果

第 2 步：创建汽车行驶动画

（5）单击"汽车"层第 60 帧，按【F6】键插入关键帧。把"汽车"元件水平拖动到画面左边，工作区域之外。在"地面"层上单击第 60 帧，按【F5】键插入帧。

（6）在"汽车"层上的 0～60 帧之间的任意一帧右击，选择"创建补间动画"命令，为汽车创建行驶的动画，如图 9-24 所示。

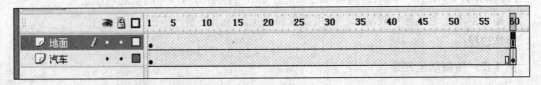

图 9-24　时间轴效果

第3步：创建控制按钮

（7）新建层，命名为"按钮"。

（8）选择"窗口"→"公用库"→"按钮"命令，打开"公用库"面板，双击"Playback flat"按钮组，将"flat blue–play"和"flat blue –stop"两个按钮拖放到当前"按钮"图层，将其名称修改为"playback–play"和"playback–stop"，调整至合适的大小及位置，如图9-25所示。

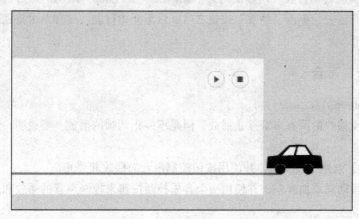

图 9-25　添加公用库中的按钮

第4步：为按钮添加命令语句

（9）单击"playback–play"按钮，打开"动作"面板，单击"动作"面板中的"将新项目添加到脚本中"按钮，再依次选择"全局函数"→"时间轴控制"→"play"选项（见图 9-26），添加"play"动作，其他参数保持不变。同样为"playback–stop"按钮添加"stop"动作。

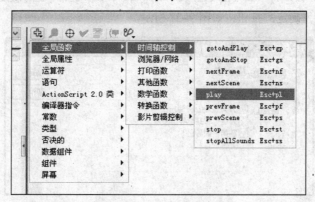

图 9-26　为按钮添加动作

（10）按【Ctrl+Enter】组合键测试动画，这时系统提示命令语句不能执行。这是为什么呢？在本节开始提到，如果把命令语句添加到相关对象上，必须为此对象指定一个事件，用事件来触发命令语句。下面来解决这个问题。

（11）单击"playback–play"按钮，打开"动作"面板，在脚本窗口输入如下命令：

```
on (release){
play();
}
```

同样，为"playback-stop"按钮添加如下命令：

```
on (release){
stop();
}
```

（12）现在测试动画，发现两个按钮已经能够控制汽车的行驶和停止。唯一需要解决的是不需要动画一开始汽车就自动行驶，所以要为第一帧添加一个"stop"语句。然后再次测试动画，发现汽车开始并没有行驶，单击"播放"按钮之后，汽车开始行驶。这样两个按钮即能够完全控制汽车。

9.1.3　关闭所有声音

常用格式：`stopAllSounds();`

作用：使当前播放的所有声音停止播放，但是不停止动画的播放。要说明一点，设置的流式声音将会继续播放。

【操作实例 3】创建一段动画，并使用按钮控制声音的播放和停止。

目标：为一段动画添加音乐，并使用一个音乐控制按钮来控制声音的播放和停止。

操作过程：

第 1 步：创建动画

（1）打开 9.1.1 节制作的树木的季节更替的动画，为这段动画加入背景声音。

（2）首先将需要的声音文件导入到"库"中，命名"背景音效"。

（3）在"库"面板的"背景音效"上右击，在弹出的快捷菜单中选择"链接"命令，打开"链接属性"对话框。在"标识符"文本框中输入"mysound"，在"链接"选项组选择"为 ActionScript 导出"复选框，单击"确定"按钮，如图 9-27 所示。

图 9-27　"链接属性"对话框

（4）回到主场景工作区，新建名称为"声音"的图层。打开"动作"面板，在"动作"面板中输入下面的脚本代码。

```
x = new Sound();
//创建了名为"x"的音乐对象
x.attachSound("mysound");
//这条语句很关键，意思是将上面在"库"中设置的音乐元件"捆绑"在新对象"x"上
//不难理解，通过这一句，就可以在舞台上控制音乐
```

```
x.setvolume=100;
```
//将音量的初值设为最大
```
x.start( 0 , 999)
```
//开始播放，从头开始，循环 999 次

（5）测试动画，可以看到动画在播放时有了背景音乐。

第 2 步：利用一个按钮来控制声音

（6）制作一个用于控制音效的开关按钮，取名为"音乐开关"，如图
9-28 所示。将这个按钮拖放到"声音"图层。

（7）选中该按钮，在"动作"面板添加代码如下：

图 9-28　"音乐开关"按钮

```
on (release) {
x.stop();
}
```

这段代码的含义是，当鼠标释放时，"x"音乐对象停止播放。

（8）测试动画，只要按下"音乐开关"按钮，背景音乐立刻就停止播放。

由于这个动画只有一段音乐，所以可以直接针对这段音乐进行控制。如果需要用一个按钮
同时停止动画中所有的音乐，可以为这个按钮添加"动作"→"影片控制"→"stopAllSounds"
动作。

9.2　外　部　控　制

在 9.1 节介绍了在 Flash 8 里如何制作交互控制动画的播放、停止、帧跳转以及声音的开关，
Flash 8 也可以控制动画文件以外的元素。

9.2.1　动画的载入和卸载

1. LoadMovie 载入影片命令

常用格式：`loadMovie(URL,Level/Target,Varibles);`

参数：URL 表示为希望被载入的 SWF 或 JPEG 文件的绝对或相对 URL 地址。Level 表示为指
定被载入到播放器中的动画文件的层级整数。Target 表示为目标影片剪辑的路径。Varibles 表示为
为可选参数，如果没有要发送的变量，则可以忽略该参数。

2. UnloadMovie 卸载影片命令

常用格式：`unloadMovie(Level/Target);`

参数：想要卸载某个层级中的影片剪辑，需要使用 Level 参数，如果要卸载已经载入的影片
剪辑，则可以使用 Target 目标路径参数。

【操作实例 4】动画的载入和卸载。

目标：创建两个按钮，分别控制外部动画文件的载入和卸载。

第 1 步：外部动画文件的载入

（1）首先打开 9.1 节制作的动画"9.1.1.fla"。利用这个动画来实现外部动画的载入。

（2）创建一个按钮元件，名称为"关闭"，如图 9-29 所示。

（3）回到主场景的工作区，将"关闭"按钮元件拖放到主场景的右上角，调整大小和位置。

（4）暂时关闭"9.1.1.fla"动画文件。新建另一个空白的 Flash 动画文件，然后制作一个模拟关闭电视机的小动画，作为被载入的动画。

（5）将制作好的被载入动画导出到文件夹中，取名为"9.2.1_1.swf"，如图 9-30 所示。

图 9-29　"关闭"按钮　　　　　　　　图 9-30　被载入动画的效果

（6）打开"9.1.1.fla"动画文件，单击工作区的"关闭"按钮，为其添加如下脚本代码。

```
on (release) {
    loadMovie("9.2.1_1.swf", 1);
}
```

对代码进行解释如下：

第 1 行：同前面学习过的一样，表示一个鼠标事件，意思是当鼠标释放时发生的事件。

第 2 行："loadMovie"的意思是载入影片（动画文件），后面 "("9.2.1_1.swf");" 是动画文件的绝对路径，路径后面的"1"代表被载入动画文件的层级。在本例中，前边的"I:\\"可以不写，因为"9.1.1.fla"动画文件与被载入的动画文件处在同一个目录中。

提示：可以将不同的影片文件载入到一个动画中，这个时候层级就会发生作用。目前主影片"9.1.1.fla"文件的层级为 0，应该将加载的动画文件放在不同的层级位置，数字越大，位置越高。如果两个影片文件加载时设置的层级一样，后一个载入的动画文件就会覆盖同一层级的动画文件。所以，载入的动画文件一般要将层级设置为 0 以上，否则，主动画文件会被覆盖。

（7）测试动画，单击"关闭"按钮元件，可以看到能够载入动画文件"9.2.1_1.swf"进行播放。

第 2 步：外部动画文件的卸载

（8）再次打开"9.1.1.fla"动画文件，重新创建一个名称为"卸载"的按钮元件，将该按钮作为动画文件卸载的控制按钮。

（9）单击"卸载"按钮，为其添加如下的脚本代码：

```
on (release) {
    unloadMovieNum(1);
}
```

对代码进行解释如下：

第1行：当鼠标释放时触发事件。

第2行：卸载在层级1上的动画文件。因为前面对载入动画指定的层级为1，所以在"unloadMovieNum"后面的括号中填入"1"，代表卸载层级1的动画文件。

（10）测试动画，可以看到单击"关闭"按钮时动画文件"9.2.1.swf"会播放，当单击"卸载"按钮时动画会被卸载。

9.2.2 添加链接

常用格式：getURL(URL,Window,method);

作用：添加超链接，包括电子邮件链接。

如果要附加电子邮件链接，可以这样表达：

getURL("mailto: name@yahoo.com.cn");

【操作实例5】实现按钮的超链接。

目标：制作网站进站动画，并为文字按钮添加链接。

操作过程：

第1步：制作网站进站动画

（1）用Photoshop绘制一张图片，作为整个进站画面的背景图，大小为"800px×600px"，分辨率为96像素/英寸，保存为JPG格式的图片，如图9-31所示。

图9-31 背景图片

（2）在Flash 8中新建空白文件，设置文档尺寸为"800px×600px"。

（3）新建图层，名称为"背景"，将刚刚制作完成的背景图片导入到"背景"层中，将本图层锁定，使其不能被选择和编辑。

（4）为了让整个画面看起来更生动，可以在图片中的曲线上添加光线的流动效果，如图9-32所示。制作思路是运用运动引导层的功能，具体方法不再赘述。需要注意的是，动画一定要建立新图层来制作。

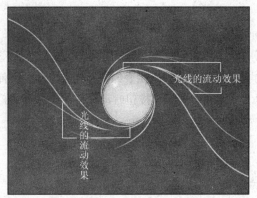

图 9-32　光线流动效果

（5）新建一个图层，名称为"文字"，在图层中输入"时光之舞"作为网站的名字，调整文字大小、颜色及其位置，选用合适的字体。

（6）转换文字为图形元件，名称为"文字"，新建影片剪辑元件，名称为"文字效果"。将"文字"元件拖放到"文字效果"工作区，按【Ctrl+B】组合键打散文字为图形。

（7）使用"选择工具"选择文字，将文字拆分成图 9-33 所示的效果。

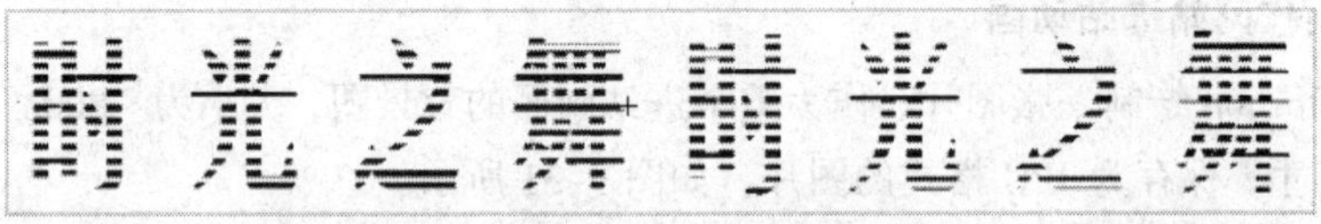

图 9-33　文字效果

（8）分别将拆分成的两组文字转换为元件，然后制作成由一组文字拆分成两组虚线文字的动画，"文字效果"影片剪辑元件便制作完成了，如图 9-34 所示。为了效果更加丰富，对这组动画进行了复制，并且让其稍微延迟播放。

（9）新建影片剪辑元件，名称为"默认状态"，制作由两组虚线文字拼合成一组文字的效果，如图 9-35 所示。

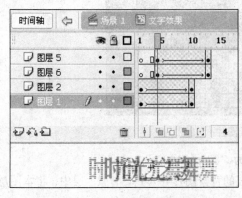

图 9-34　文字拆分效果

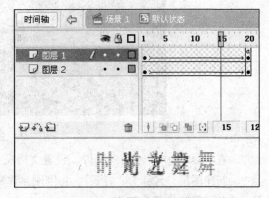

图 9-35　文字合成效果

（10）将"文字"图形元件的"行为"改为"按钮"，双击打开"文字"按钮元件的编辑界面，在时间轴第 1 帧将原来的文字删除，将"默认状态"按钮元件拖放到当前工作区的中心位置。在时间轴第 2 帧插入关键帧，将"文字效果"影片剪辑元件拖放到工作区中心位置。在第

4 帧插入关键帧，选择"矩形工具"在文字上绘制矩形，大小以刚刚覆盖住"时光之舞"4 个字为准。

（11）回到主场景的工作区，将"文字"按钮元件拖放到当前背景图片的圆圈中，调整大小和位置。测试动画，发现文字不断循环播放，显得有点乱。

（12）双击"默认状态"影片剪辑元件，在时间轴上任意图层的最后一帧添加"stop();"动作，使影片剪辑播放一遍后停止。

第 2 步：为文字按钮添加链接

（13）在主场景工作区中选择文字按钮，在"动作"面板添加如下脚本代码：

```
on (release) {
getURL("http://www.macromedia.com");
}
```

上面代码的含义是，当鼠标释放时，跳转到 http://www.macromedia.com。

（14）测试动画，可以看到已经成功地为按钮指定了链接，如图 9-36 所示。

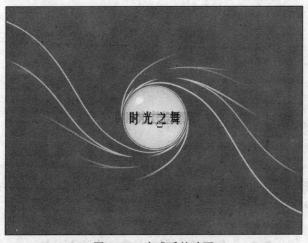

图 9-36 完成后的动画

9.2.3 指定目标

在 Flash 8 的交互式动画制作中，经常会在当前时间轴上添加针对其他时间轴的动作，这时指定动作所针对的目标就显得尤为重要。

Tell Target（指定目标）命令可以将动作指向除当前时间轴之外的其他时间轴。

此命令只有一个参数 Target（目标），在此定义所有后续动作所在的影片。如果用户希望某一目标作为目标输入，则输入它的路径名称。

【操作实例 6】指定目标。

目标：使用不同的脚本来完成目标的指定。

现在来看下面的脚本代码，它使得影片剪辑实例（My Movie Clip）的时间轴跳转至帧标记 My Frame Label，然后停止。

```
on(release)
//当鼠标释放时
```

```
Begin tellTarget("/影片剪辑")
//指定目标为"影片剪辑"
gotoAndStop(5);
//使时间指针跳转到第 5 帧，然后停止
End tellTarget
//结束目标的指定
End on
```

下面通过达到同一效果的两个不同脚本代码来进行比较。

第 1 个：

```
on(release)
//当鼠标释放时
Begin tellTarget("/影片剪辑")
//指定目标为"影片剪辑"
set property("影片剪辑" , X Scale) ="50"
End tellTarget
//结束
End on
```

第 2 个：

```
on(release)
//当鼠标释放时
SetProperty("影片剪辑", X Scale) ="50"
//设置"影片剪辑"的横坐标为 50
End on
```

可以看到第 1 个脚本用 Tell Target 命令来定义目标；第 2 个脚本用 Set Property 命令来定义目标，但是两个脚本所执行的动作和完成的效果是相同的。

9.3   复制、拖动和下载速度

Flash 动画体积小且容易制作，因此越来越受到人们的欢迎，从而使得 Flash 的技术不断成熟，动画师创作 Flash 动画的水平日渐提高。Flash 动画的应用已经从简单的文字线条变化和简单的网页应用发展到独立完整的 Flash 动画作品和交互式游戏，Flash 动画所表现的内容日益广泛，表现形式也更加丰富多彩。

9.3.1   复制和删除动画片断（影片剪辑）

1. duplicateMovieClip(); 复制影片剪辑命令

常用格式：duplicateMovieClip(target,newname,depth);

参数：target（目标）表示要复制的影片剪辑的路径和名称。newname（新名称）表示复制后的影片剪辑元件名称。depth（深度）表示已经复制影片剪辑的层级编号。每个复制的影片剪辑都必须设置唯一的深度，否则后来复制的影片剪辑将替换以前复制的影片剪辑，新复制的影片剪辑总是在原影片剪辑的上方。

在使用时，需要注意以下几点：

- 复制的影片剪辑会保持影片原来的所有属性。
- 复制影片剪辑命令经常要与影片属性控制结合才能更好地发挥复制效果。
- 复制影片还经常要和循环语句配合，才能复制多个影片剪辑。

2. removeMovieClip(); 删除影片剪辑命令

常用格式：`removeMovieClip(影片剪辑实例名称);`

这个命令只有一个参数，就是复制后的影片剪辑实例名称。

9.3.2　移动动画片断（影片剪辑）

1. startDrag(); 移动影片命令

常用格式：`myMovieClip.startDrag(lock, left, top, right, bottom);`

参数：myMovieClip 是要移动影片剪辑的名称。lock 表示移动时是否中心锁定在鼠标，值有 true 或 false，true 表示锁定，false 表示不锁定。left、top、right、bottom 这 4 个参数分别约束影片移动的范围。需要注意的是，这 4 个值指定该影片剪辑被约束的矩形是相对于影片剪辑的父级坐标。该项缺省表示影片剪辑在屏幕范围内可以任意移动。

2. stopDrag(); 停止移动影片命令

此命令停止影片的拖动，不需要参数。

【操作实例 7】复制和移动动画片断。

目标：实现动画片断的复制和移动。

操作过程：

第 1 步：准备素材

（1）新建文件，修改文档大小为 500px × 400px。

（2）新建图形元件，名称为"star1"。使用"多角星形工具"绘制一个五角星形，填充渐变色，并修改成图 9-37 所示的效果。

（3）将当前的图形元件"star1"复制一个，改名为"star4"。

（4）新建图形元件，名称为"star2"。使用"多角星形工具"绘制一个五角星形，填充渐变色，并修改为图 9-38 的效果。

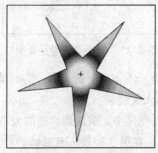

图 9-37　五角星形一

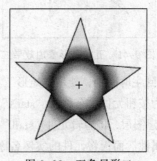

图 9-38　五角星形二

（5）新建图形元件，名称为"star3".使用"多角星形工具"绘制一个五角星形，填充渐变色，并修改为图 9–39 的效果。

（6）新建影片剪辑元件，名称为"Star0"，拖放"Star1"图形元件到"Star0"元件的工作区中心。在时间轴第 120 帧插入关键帧，在"属性"面板将第 1 帧的"补间"设置为"动画"，"旋转"设置为"顺时针"，次数为 2 次，在第 120 帧上添加"gotoAndPlay(1)"的动作。

（7）在"Star0"元件的时间轴上新建图层，拖放"star4"图形元件到"star0"的中心位置，与"Star1"中心对齐。在"属性"面板将第 1 帧的"补间"设置为"动画"，"旋转"设置为"逆时针"，次数为 3 次。效果如图 9–40 所示。

图 9–39　五角星形三

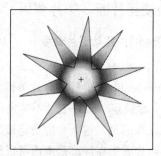
图 9–40　五角星形叠加效果一

（8）在"Star0"元件的时间轴上新建图层，拖放"star2"图形元件到"star0"的中心位置，与"Star1"中心对齐。在"属性"面板将第 1 帧的"补间"设置为"动画"，"旋转"设置为"顺时针"，次数为 4 次。效果如图 9–41 所示。

（9）在"Star0"元件的时间轴上新建图层，拖放"star3"图形元件到"star0"的中心位置，与"Star1"中心对齐。在"属性"面板将第 1 帧的"补间"设置为"动画"，"旋转"设置为"逆时针"，次数为 1 次。效果如图 9–42 所示。

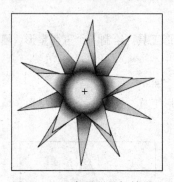
图 9–41　五角星形叠加效果二

图 9–42　五角星形叠加效果三

（10）回到主时间轴，使用"矩形工具"绘制一个 500px×400px 的矩形，为其填充一个渐变颜色，转换为按钮元件，名称为"starX"，并在第 3 帧插入关键帧。

（11）新建图层，将剪辑元件"star0"拖放到当前的工作区中，缩放到合适的大小，如图 9–43 所示。在"属性"面板将元件的实例名称修改为"star0"，在第 3 帧插入普通帧。

图 9-43　星形在当前工作区的位置

第 2 步：添加动作

（12）新建图层，名称为"ac"。

（13）单击选择图层"ac"的第 1 帧，添加如下脚本代码：

```
sl=20;
//指定要复制的影片剪辑的数量
for(i=1;i<=sl;i++){
//定义循环语句，循环开始
duplicateMovieClip(_root.star0,"star"+i,i);
//复制场景中的影片剪辑"star0"，复制后的实例名为""star"+i"
}
```

（14）单击选择图层"ac"的第 2 帧，插入关键帧，为其添加如下脚本代码：

```
stop();
//停止播放
for(i=1;i<=sl;i++){
// 1 到 20 的循环
_root["star"+i]._x=random(450);
//对复制影片的横坐标进行随机设置
_root["star"+i]._y=random(350);
//对复制影片的纵坐标进行随机设置
_root["star"+i]._alpha=100-3*i;
//使复制后的影片透明度逐渐减小
_root["star"+i]._xscale=100-3*i;
//使复制后的影片逐渐变小
_root["star"+i]._yscale=100-3*i;
}
```

（15）单击选择第 3 帧，插入关键帧，为其添加如下脚本代码：

```
stop();
```

从以上 3 帧可以看到对影片剪辑"star0"进行了复制，并且用语句定义了影片复制后的属性。

（16）单击选择"图层 1"的第 1 帧，再在工作区单击"starX"按钮元件，为其添加如下脚本代码：

```
on (press) {
//当鼠标按下时
nextFrame();
//进入并停止在下一帧
}
```

（17）选择"图层 1"的第 3 帧，再在工作区单击"starX"按钮元件，为其添加如下脚本代码：

```
on (press) {
//当鼠标按下时
prevFrame();
//进入并停止在上一帧
}
```

（18）选择"图层 2"的第 1 帧，在工作区单击"star0"影片剪辑元件，为其添加如下代码：

```
onClipEvent (load){
//当载入影片剪辑时
startDrag("root.star0",true);
//移动影片"star0"
}
```

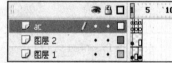

图 9-44　完成的时间轴

（19）此时动画效果就完成，当动画播放时可以看到之前绘制的五角星形随机出现在屏幕上，而且大小不等。五角星形也会跟随鼠标移动，当点击鼠标时，复制的五角星形会重新排列，如图 9-45 所示。最后保存文件，文件名为"9.3.2.fla"。

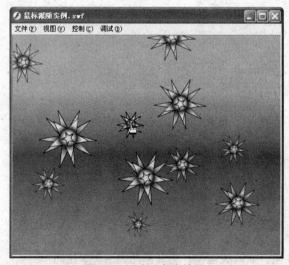

图 9-45　动画完成效果

9.4　创建复杂的交互式动画

Flash 8 交互式动画的另一个重要内容是 Flash 动画与硬件的交互。硬件指输入设备，如鼠标、键盘。通过鼠标、键盘的交互，极大地拓展了 Flash 8 的功能。

9.4.1　创建用户光标

Mouse.hide ()；命令

作用是让光标隐藏，不需要任何参数。

【操作实例 8】复制和移动动画片断。

目标：实现动画片断的复制和移动。

操作过程：

第 1 步：准备素材

（1）新建文件，设置背景色为黑色。

（2）新建一个图形元件，名称为"mouse"。选择"铅笔工具"，在工作区绘制要定义的光标图形，并进行调整和颜色的填充，如图 9-46 所示。

（3）新建影片剪辑元件，名称为"mouseF"，将"mouse"元件拖放到当前工作区。新建图层，命名为"轮廓"，并将鼠标的外轮廓形状复制出来，粘贴到一个"轮廓"层中。

（4）新建图形元件，名称为"star"，绘制一个五角星形，用渐变色填充，如图 9-47 所示。

图 9-46　光标形状

（5）新建影片剪辑元件，名称为"mouseX"，将"star"元件拖放到当前工作区，创建一个旋转动画。

（6）打开"mouseF"元件，新建一个图层，将"mouseX"拖放到当前工作区。将"轮廓"层作为引导层，创建"mouseX"沿轮廓路径运动的动画，如图 9-48 所示。

图 9-47　五角星形

图 9-48　光标最终效果

第 2 步：建立用户光标

（7）回到主场景工作区，将"mouseF"影片剪辑元件拖放到当前的工作区中。选择"任意变形工具"，将影片剪辑进行适当地旋转，并调整合适的大小。在"属性"面板定义元件的实例名为"mouseF"。

（8）单击"mouseF"影片剪辑元件，为其添加如下代码：

```
onClipEvent(load) {
//当影片载入时
Mouse.hide();
//隐藏光标
startDrag("_root.mouseF",true);
//将 mouseF 锁定到鼠标中心并拖动
}
```

（9）测试动画，可以看到在动画窗口，光标已经变为自定义的图形，如图9-49所示。

图 9-49　被替换的光标效果

9.4.2　获取鼠标位置

在动画的创作中，很多情况下都需要获取鼠标的位置，Flash 8 中，可以通过两个简单的命令来实现。

在动画的主时间轴脚本中插入下列语句，可以返回主时间轴中 _xmouse 位置（x 坐标）和 _ymouse 位置（y 坐标）。

```
x_pos = _root._xmouse;
//返回主时间轴鼠标的 x 坐标

y_pos = _root._ymouse;
//返回主时间轴鼠标的 y 坐标
```

同样要确定动画主场景里影片剪辑中鼠标的位置，可以使用影片剪辑实例名。

```
x_mcpos = _root.mymc._xmouse;
//返回影片剪辑 mymc 中鼠标的 x 坐标

y_mcpos = _root.mymc._ymouse;
//返回影片剪辑 mymc 中鼠标的 y 坐标
```

变量 x_pos、x_mcpos 和 y_pos、y_mcpos 存储了鼠标的坐标值。一旦取得了鼠标的坐标值，就可以在动画的其他脚本中使用这些变量。

```
onClipEvent(mouseMove)
//当鼠标在影片剪辑中移动时
{
x_pos = _root._xmouse;
//返回主时间轴鼠标的 x 坐标
y_pos = _root._ymouse;
//返回主时间轴鼠标的 y 坐标
}
```

这样，在移动鼠标时，鼠标的坐标值也会随之更新。

9.4.3　捕获按键

一般来说，捕获按键对象有如下几种方法：

1．key.getAscii()

常用格式：`key.getAscii();`
作用：返回按键的 ASCII 值。

2．key.getCode()

常用格式：`key.getCode();`
作用：返回按键的对应码。

这一命令是最常用的。Flash 8 为键盘上的每一个按键都指定了对应码，在 Flash 8 的帮助文件中可以查到关于按键对应码的详细信息，这里不再一一列出。

3．key.isDown()

常用格式：`key.isDown(keyCode);`
作用：检测键盘上指定的按键是否被按下，如果返回值为 true 则表示被按下。

4．key.isToggled()

常用格式：`key.isToggled(keyCode);`
作用：检测键盘上的 Caps Lock 或 Num Lock 指示灯是否开启。

5．key.addListener()

常用格式：`key.addListener(实例名);`
作用：指定对象响应按键事件。实例名可以是指定的按钮、影片剪辑等。

6．key.removeListener()

常用格式：`key.removeListener(实例名);`
作用：取消指定对象响应按键事件，与上一个命令相反。

【操作实例 9】用键盘控制动画的播放和停止。
目标：利用键盘实现对动画的播放和停止控制。

操作过程：

第 1 步：准备素材

（1）新建文件，设置文档大小为 550px × 400px，背景色为浅绿色。

（2）新建图形元件，名称为"ball"，选择"椭圆工具"配合【Shift】键在工作区绘制圆形，删除圆形的轮廓，为圆形填充渐变颜色，使其看起来像一个小球，如图 9-50 所示。

图 9-50　小球

（3）新建影片剪辑元件，名称为"donghua"，将"ball"图形元件拖放到当前影片剪辑的工作区，为球体创建一个在屏幕上游动的动画，当碰到屏幕的边缘时会弹回。

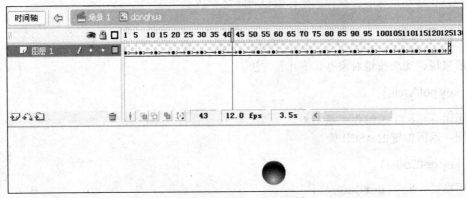

图 9-51　小球动画的时间轴

第 2 步：制作交互式动画

（4）回到主场景工作区，将"donghua"影片剪辑元件拖放到主场景工作区，并且中心对齐。

（5）单击"donghua"元件，为其添加如下代码：

```
onClipEvent (load) {
//当"donghua"影片剪辑元件载入时
donghua = 1;
//使变量 donghua 等于 1
}
onClipEvent (enterFrame) {
//使用 donghua 变量的值来控制球的运动
if (donghua == 1) {
//如果 donghua 的值等于 1，则当前的动画为播放状态
    this.play();
} else {
//如果 donghua == 0，则当前动画处于停止状态
    this.stop();
}
}
```

```
onClipEvent (keyDown) {
//当按空格键时（其按键对应码为 32），donghua 变量的值在 1 和 0 之间切换
    if (Key.getCode() == 32) {
        if (donghua == 1) {
            donghua = 0;
        } else {
            donghua = 1;
        }
    }
}
```

（6）测试动画，看到小球在运动。按下空格键，小球立刻停止运动，再次按下空格键，小球又继续跳动。

9.5　上机操作综合指导

【上机操作指导 1】

操作要求：

制作一个小球，通过按钮来控制小球的移动、旋转和缩放。

操作过程：

（1）新建文件，文档大小取默认值即可。

（2）新建影片剪辑元件，名称为"标志"，选择"椭圆工具"配合【Shift】键在工作区绘制圆形，并将其编辑为图 9-52 所示的形状。

（3）选择多角星形工具，在上图的圆形中间绘制一个三角形，并编辑为图 9-53 所示的形状。

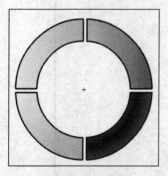

图 9-52　标志外框

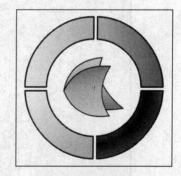

图 9-53　标志的效果

（4）新建名称为"标志"的图层，将"标志"元件拖放到工作区的"标志"图层中。

（5）新建按钮元件，名称为"上按钮"，效果如图 9-54 所示。

（6）将"上按钮"复制 3 个，更改其中的文字分别为"左"、"下"、"右"，并重新命名为"左按钮"、"下按钮"、"右按钮"，将这 4 个按钮拖动到主场景的工作区，排列为图 9-55 所示的形状。（此图中，"右按钮"为两个按钮重叠的效果，否则无法像图中那样叠加。）

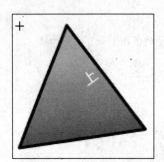

图 9-54　上按钮的形状

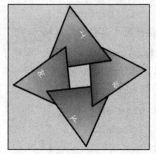

图 9-55　控制按钮的排列

（7）新建按钮元件，名称为"放大按钮"，使用"多角星形"工具绘制一个六角形，并编辑为图 9-56 所示的效果。

（8）将"放大按钮"复制一个，改名为"缩小按钮"，编辑为图 9-57 所示的效果。

图 9-56　放大按钮的形状

图 9-57　缩小按钮的形状

（9）回到主场景，将"图层 1"重新命名为"背景"，绘制一个大小等于主场景工作区大小的矩形，填充渐变色如图 9-58 所示。

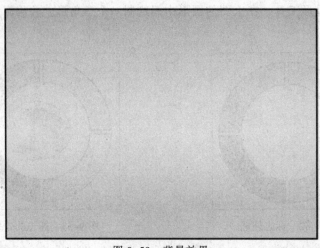

图 9-58　背景效果

（10）新建图层，名称为"控制"，将所有的按钮元件拖放到当前层，并调整大小和位置，效果如图 9-59 所示。

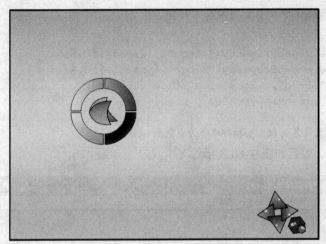

图 9-59　画面元素的位置安排

（11）选择"上按钮"，为其添加如下代码：

```
on (release) {//当鼠标释放时
setProperty("/logo", _y, getProperty("/logo", _y)-10);
//影片剪辑元件"logo"向上移动10
}
```

（12）选择"下按钮"，为其添加如下代码：

```
on (release) {//当鼠标释放时
setProperty("/logo", _y, getProperty("/logo", _y)+10);
//影片剪辑元件"logo"向下移动10
}
```

（13）选择"左按钮"，为其添加代码：

```
on (release) {//当鼠标释放时
setProperty("/logo", _x, getProperty("/logo", _x)-10);
//影片剪辑元件"logo"向左移动10
setProperty("/logo",_rotation,getProperty("/logo",_rotation)-10);
//影片剪辑元件"logo"逆时针旋转10°
}
```

（14）选择"右按钮"，为其添加如下代码：

```
on (release) {//当鼠标释放时
setProperty("/logo", _x, getProperty("/logo", _x)+10);
//影片剪辑元件"logo"向右移动10
setProperty("/logo",_rotation,getProperty("/logo",_rotation)+10);
//影片剪辑元件"logo"顺时针旋转10°
}
```

（15）选择"放大按钮"，为其添加如下代码：

```
on (release) {//当鼠标释放时
y_scale_value = getProperty("/logo", _xscale)*1.2;
x_scale_value = getProperty("/logo", _xscale)*1.2;
setProperty("/logo", _xscale, x_scale_value);
setProperty("/logo", _yscale, y_scale_value);
}
```

//以上4行，设置影片x轴、y轴都扩张为当前的1.2倍

（16）选择"缩小按钮"，为其添加如下代码：

```
on (release) {//当鼠标释放时
y_scale_value = getProperty("/logo", _xscale)*0.8;
x_scale_value = getProperty("/logo", _xscale)*0.8;
setProperty("/logo", _xscale, x_scale_value);
setProperty("/logo", _yscale, y_scale_value);
}
```

//以上 4 行，设置影片 x 轴、y 轴都缩小为当前的 0.8 倍

（17）测试影片，效果如图 9-60 所示。

图 9-60　最终效果

【上机操作指导2】

操作要求：

使用 ActionScript 来创建水里面气泡从水底升起的效果。

目标：实现气泡从水底升起的效果。

操作过程：

第 1 步：绘制海底的背景

（1）新建文件，文档大小取默认值即可。

（2）在工具箱中设置"笔触颜色"为无色 。

（3）选择"矩形工具"，绘制一个矩形，在"属性"面板将矩形的宽度设置为550px，高度设置为400px。

（4）选择"窗口"→"对齐"命令，打开"对齐"面板，如图 9-61 所示。

（5）使用"选择工具"选择刚刚绘制的矩形。

（6）单击"对齐"面板中的"相对于舞台"按钮 ，使其转

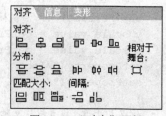

图 9-61　"对齐"面板

换为被选择状态。然后分别单击"对齐"面板"对齐"选项组的"水平中齐"和"垂直中齐"按钮，将绘制的矩形与舞台完全对齐。

（7）在工具箱中将"填充色"设置为白色到黑色的线性渐变色。

（8）选择"窗口"→"混色器"命令，在打开的"混色器"面板中将渐变色设置为浅蓝到深蓝，如图 9-62 所示。需要注意的是，设置颜色时必须要保持矩形的被选择状态。

（9）回到舞台工作区，这时的矩形已经被填充了渐变色，然而渐变是从左到右的，如图 9-63所示。

图 9-62　设置渐变颜色

图 9-63　为矩形填充渐变色

（10）选择"填充变形工具"，将渐变效果调整为自上而下由浅蓝到深蓝的渐变，模拟海底的效果，如图 9-64 所示。

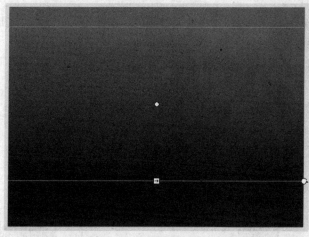

图 9-64　调整渐变的效果

（11）在"时间轴"面板，将背景所在的"图层 1"锁定，如图 9-65 所示。

（12）新建图层 2，将"笔触颜色"设置为黑色，将"填充色"设置为黑色。然后选择"铅笔工具"，在"选项"选项组中将笔画的形态设置为墨水，如图 9-66 所示。

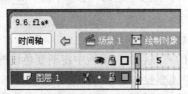

图 9-65　锁定"图层 1"　　　　　　　　　　　　图 9-66　颜色及选项的设置

（13）在屏幕的左下方绘制自由图形，并使用"颜料桶工具"将刚刚绘制的自由图形填充为黑色，作为海底的礁石，如图 9-67 所示。

图 9-67　海底的礁石

第 2 步：绘制气泡

（14）将图层 2 锁定，新建图层 3，将"笔触颜色"设置为无色，将"轮廓色"设置为"放射状渐变"，如图 9-68 所示。

（15）在"混色器"面板将颜色调整为从白色到浅蓝色的渐变，如图 9-69 所示。

（16）选择"椭圆工具"，按住【Shift】键绘制一个正圆，如图 9-70 所示。

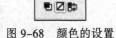

图 9-68　颜色的设置

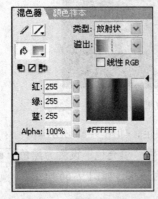

图 9-69　编辑渐变颜色

图 9-70　绘制的正圆

（17）选择"填充变形工具"，调整圆形中的渐变效果，如图 9-71 所示。

（18）取消圆形的选择状态，将"填充色"设置为白色，将"笔触颜色"设置为无色。

（19）选择"刷子工具"，在刚刚绘制的圆形上添加高光线，完成气泡的绘制，如 9-72 所示。

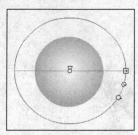

图 9-71　渐变的调整

图 9-72　完成的气泡

第 3 步：制作气泡的动画

（20）选择绘制完成的气泡，将其转换为"影片剪辑"元件，名称为"qipao"，如图 9-73 所示。

（21）选择影片剪辑元件"qipao"，在"属性"面板将其实例名称更改为"pp"，如图 9-74 所示。

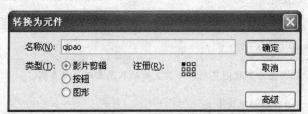

图 9-73　转换为影片剪辑元件

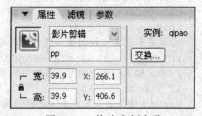

图 9-74　修改实例名称

（22）将影片剪辑元件"qipao"拖放到舞台的底部，并缩放到合适的大小，如图 9-75 所示。

图 9-75　绘制完成的所有图形

（23）新建图层 4，在"动作"面板为第一帧添加如下代码：

```
i=1
//初始化一个变量值
while(i<=15){
```

```
//该条语句用来控制画面中出现的气泡的数量，可以根据自己的要求增减
duplicateMovieClip("pp","pp"+i,i);
//复制一些气泡
setProperty("pp"+i,_x,random(500));
//在 x 轴上将复制出来的气泡随机分布
setProperty("pp"+i,_y,random(300)+300);
//在 y 轴上将复制出来的气泡随机分布
setProperty("pp"+i,_xscale,random(40)+20);
setProperty("pp"+i,_yscale,getProperty(eval("pp"+i),_xscale));
//上面两条语句用来控制气泡的大小
setProperty("pp"+i,_alpha,random(20)+80);
//该条语句用来控制气泡的透明度
i++
}
_root.pp._visible=0
//将舞台中最原始的气泡隐藏
```

（24）选择舞台中的影片剪辑原件"qipao"，在"动作"面板为其添加如下代码：

```
onClipEvent (load) {
speed = random(6)+6;
}
//将气泡的速度设置为随机，使每个气泡速度有所变化
onClipEvent (enterFrame) {
this._y -= speed;
//改变水泡在 y 轴的值，使水泡看起来是上升状态
this._x += random(3)-random(3);
//在 x 轴上将气泡进行正负的随机运动，让其左右不规则晃动，使其上升的状态看起来更真实
if (this._y<-15) {
//此 if 语句的作用是当气泡移出屏幕时，重新放回屏幕中来
this._y = random(100)+315;
}
}
```

（25）完成的效果如图 9-76 所示。

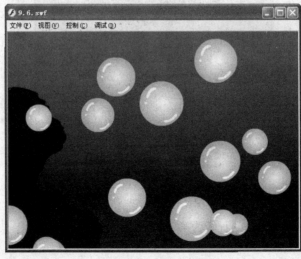

图 9-76 最终效果图

小结与提高

- 为帧添加动作和为按钮元件添加动作是不同的。

  要为帧添加动作，只要选中该帧，然后右击并在打开的快捷菜单中选择"动作"命令，再添加相应的动作即可。

  要在按钮中设置动作，注意要先单击该按钮，然后再右击并在打开的快捷菜单中选择"动作"命令。

- 在编写动作代码的过程中，可以随时用"动作"面板中的"语法检查"按钮 ✓ 对编写的代码进行语法检查。

- 通过下面的命令可以实现声音的播放和暂停效果：在运用 stop()命令时可以使 sound 对象的 position 属性获取声音文件的当前播放时间（以毫秒来计算），然后用 start(time,loop)命令在当前位置播放即可。

- 在为影片剪辑元件添加动作之前，一定要指定影片剪辑的实例名。方法如下：在工作区单击选择影片剪辑元件，在"属性"面板的"实例名称"文本框中输入影片剪辑的实例名。一旦为影片剪辑指定了实例名，就可以在动作代码中引用这个影片剪辑。

- 在影片的"动作"面板中添加 fscommand ("showmenu","true/false");可以控制 Flash player 播放器中鼠标右键菜单的显示。true 表示显示，false 表示不显示（在测试影片时，这个命令是不起作用的，只有在外部的 Flash Player 播放器中才能取消显示鼠标右键菜单）。

思考和练习

上机操作题

1. 运用学过的知识，制作一个可以控制动画播放和背景音乐的个人电子相册。
2. 制作一个夜空中烟花齐鸣的动画效果。

第 *10* 章 输出和发布动画

学习目标

☑ 掌握动画的优化方法

☑ 掌握动画的测试方法

☑ 掌握动画的输出和发布方法

10.1 测 试 动 画

10.1.1 优化动画

动画完成之后，需要对动画进行各方面的测试，并对动画进行优化，使动画能够流畅地进行播放，并使动画文件的尺寸最小化，以方便传输。

1. 文字方面的优化

（1）尽量减少字体种类和字体样式。

（2）避免使用嵌入字体，这会增加文件的尺寸。

（3）尽量不要将文字打散，文字打散后会转换为图形，这样会使文件增大。

（4）当动画包括文本域的时候，使用文本域"属性"面板中的"只包括指定字体外形"选项替代"包括所有字体外形"。

2. 图形方面

（1）尽可能多用矢量图形，少用位图图像。如果必须要使用，请保证位图图像文件尽量尺寸小一些，并以 JPEG 方式压缩。矢量图形可以任意缩放而不影响 Flash 的画质，位图图像一般只作为静态元素或背景图。Flash 并不擅长处理位图图像的动作，所以应避免位图图像的动画，而且在使用矢量图形时，也要尽量避免使用复杂的矢量图形。

（2）尽可能少地使用渐变色填充图形，这会使文件增大很多。

（3）尽可能多地使用元件。如果影片中的元素有使用一次以上者，则应考虑将其转换为元件来使用。元件的重复使用并不会使影片文件明显增大，因为影片文件只需存储一次符号的图形数据。

（4）在可能的情况下，尽量少使用一些特殊的线条类型，如虚线、点线等。普通的实线占用的资源更少。

（5）用"修改"→"曲线"→"最优化"命令优化动画中使用的线条。

3．动画及声音方面

（1）在可能的情况下，使用补间动画，避免使用逐帧动画。因为补间动画的关键帧较少，占用的资源比逐帧动画也要少，关键帧越多则动画文件越大。

（2）尽量避免在同一时间内安排多个对象同时产生动作。有动作的对象也不要与其他静态对象安排在同一图层里。应该将有动作的对象安排在各自专属的图层内，以便加快 Flash 的动画处理速度。

（3）限制每个关键帧中变化区域，使 Action 的发生区域尽可能得小。

（4）用 LoadMovie 命令减轻影片开始下载时的负担。若有必要，可以考虑将影片划分成多个子影片，然后再通过主影片里的 LoadMovie、UnloadMovie 命令随时调用、卸载子影片。

（5）先制作小尺寸影片，然后再进行放大。为减小文件，可以考虑在 Flash 里将影片的尺寸设置小一些，然后导出迷你 SWF 影片。接着选择"文件"→"发布设置"命令，在打开的对话框的 HTML 选项卡中将影片尺寸设置大一些，这样，在网页里就会呈现出尺寸较大的影片，而画质丝毫无损。当然，这个方法的前提是在动画中没有任何位图元素。

（6）影片的长宽尺寸越小越好。尺寸越小，影片文件就越小。可通过"修改"→"影片"命令调节影片的长宽尺寸。

（7）在用到声音时，尽量避免使用 WAV 格式的声音文件，而是使用 MP3 格式。

通过上述的种种方法，就能够尽可能地优化并且缩小动画的尺寸。但是需要注意，一切的优化操作都是在不影响影片质量的前提下进行的，否则动画的优化毫无意义。

在对动画文件进行优化之后，最好能将动画文件在不同的计算机、不同的操作系统中进行测试，以保证动画在任何环境都能够按照预想的效果正常播放。

10.1.2　测试动画的下载性能

Flash 8 中的带宽设置可以根据预先设置的调制解调器的速度来将每一帧需要下载的数据量进行图形化显示。Flash 8 在模拟调制解调器速度时，并不是以调制解调器的理论速率来模拟，而是以接近调制解调器的真实速率来模拟，从而使模拟结果更准确地反映实际问题。

【操作实例 1】测试动画的下载性能。

（1）打开前面制作的动画文件"9.3.2.fla"。

（2）选择"控制"→"测试影片"或者"控制"→"测试场景"命令，进入测试窗口，如图 10-1 所示。

（3）在测试窗口，选择"视图"→"下载设置"命令，从子菜单中选择一个调制解调器的速率，如图 10-2 所示。如果子菜单中没有合适的速率，可以选择"自定义"命令来设置其他的速率。

选择"视图"→"带宽设置"命令，查看带宽配置图表。在图表中，左侧区域显示了正在测试的动画属性，右侧区域是图形化的带宽配置信息。

选择"视图"→"帧数图表"命令，此时左侧的区域每个竖条代表影片的一个帧。竖条的高度对应帧的字节大小。图表上的红线表明在当前设置的调制解调器速率下，当前帧是否能够实时播放。如果某一条超出了红线，影片必须等待该帧加载后才能播放。红线的位置随着调制解调器速率的不同而不同，如图 10-3 所示。

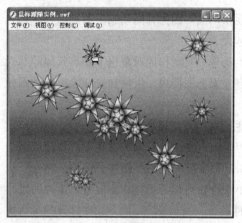

图 10-1　测试窗口

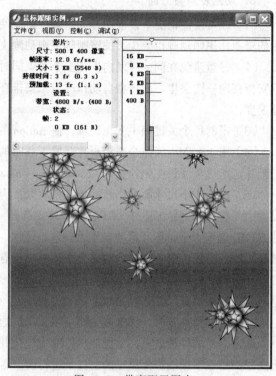

图 10-3　带宽配置图表

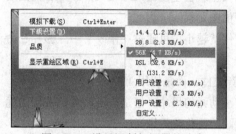

图 10-2　设置调制解调器的速率

选择"视图"→"数据流图标"命令，影片将按照我们的调制解调器速率的设置模拟网络连接情况，并且在左边的属性窗口显示真实的下载进度，直到影片完全下载，才开始播放影片。如果取消选择，则影片直接开始播放。

（4）关闭测试窗口就能够回到 Flash 8 主窗口。

10.2　发布动画

Flash 不但可以将设计制作的动画发布为 Flash 影片文件、网页文件，也可以选择在 Flash Player 不可用时，以自动出现的不同格式（GIF、JPEG、PNG 和 QuickTime）的替代图像来替代影片。可以将 Flash 动画发布成为 Windows 和 Macintosh 系统上播放的独立文件以及其他视频格式（分别是 EXE、HQX 或 MOV 文件）。

10.2.1　设置发布格式

【操作实例 2】发布动画的设置。

操作过程：

（1）打开动画文件"9.3.2.fla"。

（2）选择"文件"→"发布设置"命令，打开"发布设置"对话框，如图 10-4 所示。

图 10-4　"发布设置"对话框

① 默认情况下，会打开"格式"选项卡，并默认选中"Flash swf"和"HTML"复选框，与选定文件格式对应的标签会出现在对话框的右侧（Windows 或 Macintosh 放映文件格式除外，该文件格式没有相应的设置）。

② 默认情况下，文件会使用当前的动画文件的名称来命名。可以更改发布后的文件名称，只需输入需要的名称即可文件名称（可以包括路径）。

③ 默认情况下，发布的文件保存在当前动画文件的同一目录下，如果要更改发布文件的路径，单击文件名后的文件夹图标，然后进行设置即可。

（3）设置完成后，单击"发布"按钮发布动画，或者单击"确定"保存设置而不发布动画。

10.2.2　设置 Flash 动画发布格式

【操作实例 3】发布 Flash 动画。

操作过程：

（1）打开"发布设置"对话框。

（2）选择"Flash"选项卡，如图 10-5 所示。

其各选项含义如下：

① 在"版本"下拉列表框中选择一种合适的播放器版本，一般保持默认即可。

② 在"加载顺序"下拉列表框中选择加载顺序，如"自下而上"或"自上而下"。该选项控制着 Flash 动画在加载速度较慢时首先显示影片的哪些部分。

③ 在"ActionScript 版本"下拉列表框中可以选择使用 ActionScript 1.0 版本或者选择使用 ActionScript 2.0 版本。

④ 选择"选项"选项组中的"生成大小报告"复选框，可在影片发布后生成一个影片属性的报告文件，该文件列出最终的 Flash 影片的详细数据信息。

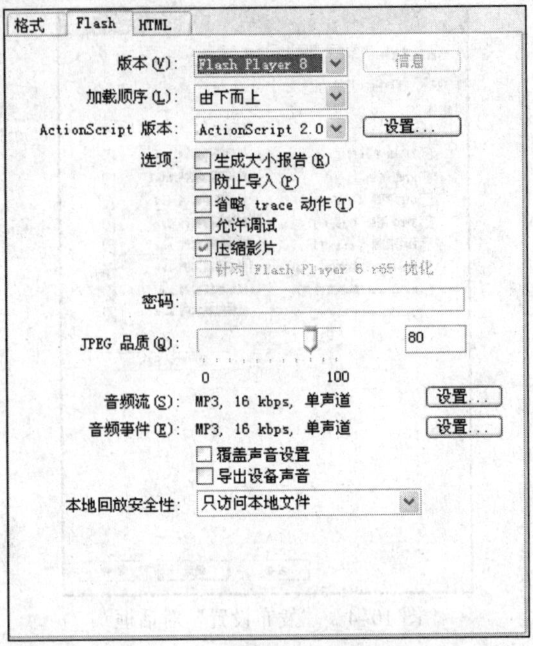

图 10-5　Flash 动画的发布设置

　　选择"选项"选项组中的"防止导入"复选框，可以避免其他人导入自己的动画，这是对作品版权的一种保护措施。

　　选择"选项"选项组中的"省略 trace 动作"复选框，可以使 Flash 忽略当前影片中的跟踪动作（Trace）。选择此选项后，来自跟踪动作的信息就不会显示在输出窗口中。

　　选择"选项"选项组中的"允许调试"复选框，会激活调试器并允许对 Flash 影片进行远程调试。

　　选择"选项"选项组中的"压缩影片"复选框，可以在保持品质不变的情况下在一定程度上缩小影片的尺寸，从而更利于动画的下载和播放。压缩后的文件只能在 Flash Player 6 中播放。

　　如果选择"选项"选项组中的"允许调试"复选框，则可以启用密码保护，这样在远程调试影片时必须要输入密码才能进行调试。

　　⑤　"JPEG 品质"项用于控制位图的压缩，值为"100"时压缩比率最小，文件尺寸会变大。通过此项，可以在位图图像质量和文件大小之间找到最佳的平衡点。

　　⑥　"音频流"和"音频事件"项用于控制声音的压缩和采样率，可以单击旁边的"设置"按钮进行更改。

　　⑦　选择"覆盖声音设置"复选框，则 Flash 会以"音频流"和"音频事件"项对于声音设置的压缩和采样率来覆盖动画文件中声音的个体设置。

　　（3）完成各项设置后，即可以单击"发布"按钮对动画进行发布。

10.2.3　设置随 Flash 动画一起发布的 HTML 文档格式

　　【操作实例 4】发布 HTML 文档格式的设置。

　　操作过程：

　　（1）打开"发布设置"对话框。

　　（2）选择"HTML"选项卡，如图 10-6 所示。

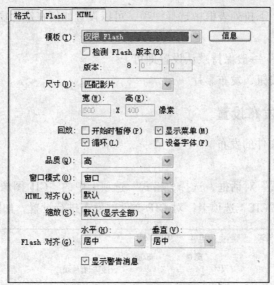

图 10-6 HTML 文档的发布设置

其各选项含义如下：

① "模板"下拉列表框：通常情况下，选择"仅限 Flash"选项即可，这是默认选项。单击右边的"信息"按钮，可以显示选定模板的说明信息。

② "尺寸"下拉列表框：可以在下拉列表的 3 项中选择其一。默认选项是"匹配影片"，选择此项将会使用 SWF 文件的大小。选择"像素"选项可以在下方的"宽"和"高"文本框输入实际像素大小。选择"百分比"选项，可以设置动画文件在浏览器窗口所占的百分比。

③ 选择"回放"选项组中的"开始时暂停"复选框，会在动画文件载入以后暂停动画的播放，直到用户在快捷菜单中选择"播放"命令，动画才开始播放。默认情况下，动画一旦载入就会立刻播放。

选择"回放"选项组中的"循环"复选框，会使动画循环不停地播放。如果取消选择，则动画只播放一遍然后停止。

选择"回放"选项组中的"显示菜单"复选框，当右击动画文件时会弹出快捷菜单，菜单中有控制 Flash 播放和缩放的相关命令，如果取消选择，则快捷菜单只出现"关于 Flash"一项命令。

选择"回放"选项组中的"设备字体"复选框，Flash 会用消除锯齿的系统字体替换用户系统未安装的字体。使用"设备字体"可以使更小字号的问题得到清晰的显示，并能在一定程度上减小影片尺寸。此项只影响那些含有用设备字体显示的静态文本影片，并且该项只能用于 Windows 操作系统。

④ "品质"下拉列表框用于在影片的尺寸和质量之间选择一个平衡点。

⑤ "窗口模式"下拉列表框用于修改 Flash 内容的限制框或者虚拟的窗口与网页中内容的相互关系。

⑥ "HTML 对齐"下拉列表框用于设置 Flash 动画在浏览器中的相对位置。

⑦ 假如改变了动画的原始宽度和高度，选择"缩放"下拉列表框的选项则可以将影片放到指定的边界内。

⑧ 在"Flash 对齐"下拉列表框中选择一项，可以设置如何在影片窗口内放置影片以及在必要时如何裁剪影片边缘。

⑨ "显示警告信息"一般保持默认设置即可。

（3）单击"发布"按钮，发布影片。

10.2.4　GIF 文件的发布设置

【操作实例 5】GIF 文件的发布。

操作过程：

（1）打开"发布设置"对话框，选择"格式"选项卡中的"GIF 图像"复选框。

（2）选择新增加的"GIF"选项卡，对 GIF 文件的发布进行设置，如图 10-7 所示。

图 10-7　GIF 文件的发布设置

① "尺寸"选项用于设置发布的 GIF 文件尺寸，以像素为单位，如果选择后面的"匹配影片"复选框，则发布后的 GIF 文件尺寸以动画文件的尺寸为准。

② 选择"回放"选项组中的其中一项，设置发布后的 GIF 文件是静态图片（"静态"单选按钮）还是 GIF 动画（"动画"单选按钮）。如果选择"动画"单选按钮，还可以选择"不断循环"单选按钮或者输入动画循环播放的次数。

③ 选择"选项"选项组中的"优化颜色"复选框，可以将没有用到的颜色从 GIF 文件的颜色表中删除，从而减小文件的尺寸。

选择"选项"选项组中的"交错"复选框，可以在网速较慢时提前显示图片的缩略图，从而缩短 GIF 文件区域的空白时间。注意，不要在 GIF 动画中使用"交错"。

选择"选项"选项组中的"平滑"复选框，可以消除锯齿，从而改善 GIF 文件的质量，但是会增大文件的尺寸。

选择"选项"选项组中的"抖动纯色"复选框，可以抖动纯色和渐变色。

选择"选项"选项组中的"删除渐变"复选框，可以转变 Flash 原始动画文件中的渐变颜色为纯色，从而减小文件的尺寸。

④ "透明"下拉列表框用于确定影片背景的透明度，也可以将 Flash 中的透明度设置转换为 GIF 的方式。

⑤ "抖动"下拉列表框用于指定可用颜色的像素如何混合以模拟超出调色板颜色范围的颜色。"抖动"可以改善图像质量，但是也会增加文件大小。

⑥ "调色板类型"下拉列表框用于定义 GIF 文件的调色板，一般保持默认即可。

⑦ "最多颜色"文本框可以自己指定调色板的颜色数量，当在"调色板类型"下拉列表框中选择"自动适应"或者"网页自动适应"选项时，该项变为可用。

⑧ "调色板"文本框可以让用户使用自定义的调色板，当在"调色板类型"下拉列表框选择"自定义"选项时，该项允许载入自定义的调色板文件。

（3）单击"发布"按钮，即可以按照当前的设置来发布动画。

10.2.5　JPEG 的发布设置

【操作实例 6】JPEG 文件的发布。

操作过程：

（1）打开"发布设置"对话框，选择"格式"选项卡，选择"JPEG 图像"复选框。

（2）选择新增加的"JPEG"选项卡，对 JPEG 文件的发布进行设置，如图 10-8 所示。

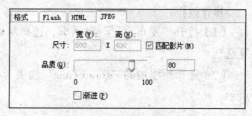

图 10-8　JPEG 的发布设置

① "尺寸"选项设置发布后 JPEG 位图的宽度和高度，也可以选择后面的"匹配影片"复选框，这样发布后的图像将保持与原始位图相同的大小。

② "品质"选项控制发布后的 JPEG 位图压缩比率，品质越高，图像质量越好，相应生成的文件也就越大，反之则越小。

③ "渐进"复选框可以使 JPEG 文件逐步在 Web 浏览器中连续显示，从而以更快的速度在网络上显示加载的图像。

（3）设置完成，单击"发布"按钮，发布 JPEG 图像。

10.2.6　PNG 的发布设置

【操作实例 7】PNG 文件的发布。

操作过程：

（1）打开"发布设置"对话框，选择"格式"选项卡，选择"PNG 图像"复选框。

（2）选择新增加的"PNG"选项卡，对 PNG 文件的发布进行设置，如图 10-9 所示。

① "尺寸"选项如前所述。

② "位深度"下拉列表框用于设置发布图像时每个像素的位数和颜色数，位深度越高，颜色就越丰富，图像文件也就越大。

③ "选项"选项组中的选项以及"抖动"下拉列表框设置同 GIF 文件的发布设置相同，不再重复。

④ "过滤器选项"下拉列表框用于选择一种逐行过滤方法使 PNG 文件的压缩性更好。

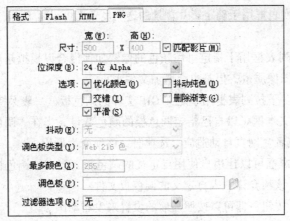

图 10-9　PNG 的发布设置

（3）设置完毕，单击"发布"按钮可以发布 PNG 图像。

10.2.7　QuickTime 的发布设置

【操作实例 8】QuickTime 文件的发布。

操作过程：

（1）打开"发布设置"对话框，选择对话框的"格式"选项卡，选择"QuickTime（.mov）"复选框。

（2）选择新增加的"QuickTime"选项卡，对 Quick Time 文件的发布进行设置，如图 10-10 所示。

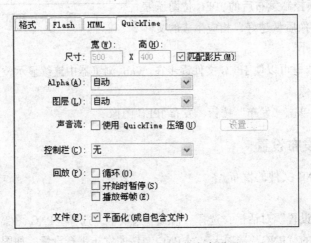

图 10-10　QuickTime 的发布设置

①　"尺寸"选项如前所述。

②　"Alpha"下拉列表框用于控制 Flash 在 QuickTime 影片中的透明度模式，但是并不影响原始 Flash 影片中的 Alpha 设置，一般按默认设置即可。

③　"图层"下拉列表框用于控制 Flash 在 QuickTime 影片的层叠次序中播放的位置。一般按默认设置的"自动"即可。

④ 在 "声音流" 选项中选择 "使用 QuickTime 压缩" 复选框，会将 Flash 影片中所有的流式音频导出到 QuickTime 音轨中，从而使用标准的 QuickTime 音频设置重新压缩音频。

⑤ "控制栏" 下拉列表框用于选择发布后播放影片文件的 QuickTime 控制器类型。

⑥ "回放" 选项组中的前两项含义同 10.2.2 节介绍的相同。选择 "播放每帧" 复选框将播放影片的每一帧，但是不播放声音。

（3）设置完毕，单击 "发布" 按钮，就可以将 Flash 动画发布为 QuickTime 影片文件。

10.3　导　出　动　画

在 Flash 8 中，除了发布 SWF 等格式的动画文件以外，还可以将动画作品创建成为其他程序所支持的内容。如序列图像、静态图像和动态图像，格式包括 GIF、JPEG、PNG、BMP、MOV 或 AVI 等。

下面列出的是 Flash 能够导出的文件格式及其扩展名，关于每个格式的特性及其应用请参阅相关资料。

- Adobe Illustrator 图形对象，扩展名为.ai。
- GIF 动画、GIF 序列文件和 GIF 图像，扩展名为.gif。
- 位图（BMP），扩展名为.bmp。
- DXF 序列文件和 AutoCAD DXF 图像，扩展名为.dxf。
- 增强元文件，扩展名为.emf。
- EPS（6.0 或更低版本），扩展名为.eps。
- Flash 影片，扩展名为.swf。
- FutureSplash 播放文件，扩展名为.spl。
- JPEG 序列文件和 JPEG 图像，扩展名为.jpg。
- PICT 序列文件（Macintosh），扩展名为.pct。
- PNG 序列文件和 PNG 图像，扩展名为.png。
- 选择 QuickTime 4 影片的发布设置，扩展名为.mov。
- QuickTime 视频（Macintosh），扩展名为.mov。
- WAV 音频（Windows），扩展名为.wav。
- Windows AVI（Windows）视频文件，扩展名为.avi。
- Windows 元文件，扩展名为.wmf。

【操作实例 9】 导出影片。

操作过程：

（1）打开想要导出的影片文件。

（2）选择 "文件" → "导出影片" 命令。

（3）选择导出的目标文件夹，输入文件名称。

（4）从 "格式" 下拉列表中选择一种文件格式。

（5）单击 "保存" 按钮后会因保存格式的不同而弹出不同的对话框，可以对导出文件进行具体的设置。对话框的主要选项和设置在前面的章节中已经为大家介绍，此处不再重复。

小结与提高

- 在将 Flash 动画发布为 GIF 文件时，原来动画文件中的影片剪辑元件不能正常播放。这是因为 GIF 文件本身不支持 Flash 8 中的影片剪辑文件。解决方法是，增加主时间轴的帧数，至少到动画文件中所用到的影片剪辑的帧数范围。

- 在发布动画时，可以将制作完成的动画文件发布为扩展名为 .exe 可执行程序文件（在"发布设置"对话框中选择"Windows 放映文件"选项），或者在播放 *.swf 动画文件时，用 Flash Player 播放器窗口的"文件"→"创建播放器"命令创建独立的可执行程序文件。这样创建的 *.exe 文件可以不依赖 Flash Player 播放器而独立播放。

- 如果完成的动画作品准备要在电视媒体中播放，那么在制作动画之前应该将文档的大小设置为 720px（宽）×576px（高），将帧速率设置为 25fps，以符合我国 PAL 制式广播标准。

- 制作完成的 *.swf 文件可以在 PowerPoint 软件中被调用，首先应确保 SWF 文件的文件名为英文，具体步骤如下：

  （1）在 PowerPoint 文档的空白处右击，在快捷菜单中选择"控件工具箱"命令。

  （2）在出现的"控件"工具箱中单击"其他控件"按钮。

  （3）在弹出的下拉列表框中选择"Shockwave Flash Object"选项。

  （4）将鼠标指针移动到文档的空白区域并拖动，绘制一个中间有对角线的矩形框，这就是 SWF 文件的播放区域。

  （5）右击刚才绘制的矩形框，在弹出的快捷菜单中选择"属性"命令。

  （6）选中弹出菜单中的"自定义"命令，单击右边的"…"按钮。

  （7）在弹出对话框的"Movie URL"项中输入 SWF 文件的完整路径和完整文件名（一定要有 SWF 扩展名），单击"确定"按钮。

思考和练习

简答题

1. 运用学习到的知识，使自己的动画达到最优化。

2. 将自己制作的动画发布为各种格式的文件，观察它们的区别。

第 *11* 章 综合实例

学习目标

☑ 熟悉网页广告的制作方法

☑ 熟悉网页导航菜单的制作方法

☑ 了解星空动画的制作方法

☑ 了解水珠滴落的制作方法

11.1　网页广告动画实例

【操作实例 1】网页广告动画的制作。

操作过程：

第 1 步：准备素材

（1）新建文档，大小为 700px×150px，其他选项保持默认即可。

（2）绘制矩形，大小同样为 700px×150px，移动位置覆盖住整个文档，为其填充灰色的渐变颜色，转换为图形元件，名称为"灰色背景"，如图 11-1 所示。

修改图层名称为"背景"，在本层的第 9 帧插入关键帧，将第 1 帧"灰色背景"元件的透明度设置为 0，使其不可见。

选择第 1 帧，创建补间动画。

图 11-1　灰色背景

（3）新建图层，名称为"你的生活"，在第 18 帧插入关键帧，输入文字"你的生活也是这样……"，修改字体属性，字号为 44，字间距为 -12，字体为"美黑体"（或黑体），文字颜色为浅灰色，如图 11-2 所示。目的是使文字看起来较为呆板。

将文字转换为图形元件，在第 29 帧、第 38 帧和第 43 帧插入关键帧，将第 18 帧和第 43 帧该元件的透明度设置为 0，使其不可见。

选择第 18 帧和第 38 帧，创建补间动画。

图 11-2　动画的文字

（4）新建名称为"刀叉"的图层，在第 54 帧插入关键帧，绘制或者导入刀叉的图形，转换为图形元件，将其放置到合适的位置，如图 11-3 所示。在第 61 帧插入关键帧，将第 54 帧放大几倍，并添加补间动画，形成由大缩小的动画效果，如图 11-4 所示。

图 11-3　刀叉的绘制　　　　　　　　　　图 11-4　刀叉的位置放置

（5）新建名称为"吃"的图层，在第 57 帧插入关键帧，输入文字"吃？"，文字属性与"你的生活也是这样……"相同，可略微放大，然后将其转换为图形元件，放置到合适的位置，如图 11-5 所示。

在第 63 帧插入关键帧，将第 57 帧的文字图形放大，创建补间动画。

图 11-5　文字的位置

（6）新建名称为"茶杯"的图层，在第 71 帧插入关键帧，绘制茶杯的图形，如图 11-6 所示。然后将其转换为图形元件，放置到合适的位置，如图 11-7 所示。

在第 78 帧插入关键帧，将第 71 帧的茶杯放大，创建补间动画。

图 11-6　茶杯的效果　　　　　　　　　　图 11-7　茶杯的位置

（7）新建名称为"喝"的图层，在第 77 帧插入关键帧，输入文字"喝？"，文字属性与"吃？"

一样，可略微放大，然后将其转换为图形元件，放置到合适的位置，如图 11-8 所示。

在第 84 帧插入关键帧，将第 77 帧的文字图形放大，创建补间动画。

（8）新建名称为"燃气灶"的图层，在 92 帧插入关键帧，绘制一个燃气灶的效果图，如图 11-9 所示。将其转换为图形元件，放置到合适的位置。

在第 100 帧插入关键帧，将第 92 帧的茶杯放大，创建补间动画。

图 11-8　文字的位置

图 11-9　燃气灶的效果

（9）新建名称为"家务"的图层，在第 97 帧插入关键帧，输入文字"家务?"，文字属性与"喝?"一样，可略微放大，然后将其转换为图形元件，放置到合适的位置，如图 11-10 所示。

在第 105 帧插入关键帧，将第 97 帧的文字图形放大，创建补间动画。

（10）新建名称为"文件堆积"的图层，在第 114 帧插入关键帧，绘制一个文件堆积的效果图，如图 11-11 所示。将其转换为图形元件，放置到合适的位置。

在第 121 帧插入关键帧，将第 114 帧的茶杯放大，创建补间动画。

图 11-10　燃气灶的位置和文字的位置

图 11-11　文件堆积的效果

（11）新建名称为"工作"的图层，在第 118 帧插入关键帧，输入文字"工作?"，文字属性与"家务?"一样，可略微缩小，然后将其转换为图形元件，放置到合适的位置，如图 11-12 所示。

在第 126 帧插入关键帧，将第 118 帧的文字图形放大，创建补间动画。

（12）新建名称为"电话"的图层，在 134 帧插入关键帧，绘制一个电话的效果图，如图 11-13 所示。将其转换为图形元件，放置到合适的位置。

在第 142 帧插入关键帧，将第 134 帧的茶杯放大，创建补间动画。

图 11-12　文字的位置

图 11-13　电话的效果

（13）新建名称为"应酬"的图层，在第 138 帧插入关键帧，输入文字"应酬？"，文字属性与"工作？"一样，可略微缩小和选旋转，然后将其转换为图形元件，放置到合适的位置，如图 11-14 所示。

在第 148 帧插入关键帧，将第 138 帧的文字图形放大，创建补间动画。

图 11-14　文字的位置

（14）新建名称为"矩形底框"的图层，在第 160 帧插入关键帧，绘制一个深灰色矩形，然后将其转换为图形元件，放置到合适的位置，如图 11-15 所示。

在第 167 帧插入关键帧，将第 160 帧的矩形图形元件透明度设置为 0，使其不可见，创建补间动画。

图 11-15　深灰色矩形框

（15）新建名称为"你还有多少"的图层，在第 166 帧插入关键帧，输入文字"你还有多少属于自己的空间"，文字属性同"应酬？"一样，颜色为橘黄色，然后将其转换为图形元件，放置到合适的位置，如图 11-16 所示。

在第 170 帧、第 178 帧、第 183 帧插入关键帧，将第 166 帧的文字图形元件透明度设置为 0，使其不可见。将 183 帧的文字图形元件移出左侧工作区外，为第 166 帧和第 178 帧创建补间动画。

图 11-16　文字效果

（16）新建名称为"那么"的图层，在第 178 帧插入关键帧，输入文字"那么……"，文字属性与"你还有多少属于自己的空间"一样，然后将其转换为图形元件，放置到合适的位置，如图 11-17 所示。

在第 183 帧、第 199 帧、第 203 帧插入关键帧，将第 183 帧的文字图形元件移至画面中央，将第 203 帧文字图形元件透明度设置为 0，使其不可见，为 178 帧和第 199 帧创建补间动画。

图 11-17 文字的位置

（17）新建名称为"来生活吧"的图层，在第 207 帧插入关键帧，输入文字"来我们的生活吧"，然后将其转换为图形元件，放置到合适的位置，如图 11-18 所示。

在第 212 帧和第 214 帧处插入关键帧，将 207 帧中的文字缩小到几乎无法看到，将第 212 帧中的文字略微放大，为 207 帧和 212 帧创建补间动画。

图 11-18 文字的位置

（18）新建名称为"蓝天背景"的图层，在 224 帧插入关键帧。绘制一个矩形，填充蓝色—紫红—橘黄的渐变颜色。然后将其转换为图形元件，并将其置于工作区上方，底端与工作区顶部对齐，如图 11-19 所示。

在第 232 帧插入关键帧，将第 232 帧的矩形图形元件向下移动，与工作区完全对齐。为 224 帧创建补间动画。

在"蓝色背景"层下方所有图层的 232 帧创建关键帧，将所有层下移至工作区外。为所有层的 224 帧创建补间动画。

（19）依次创建图 11-20 所示的图层。

图 11-19 蓝天背景的位置

图 11-20 图层的排列位置

（20）为新创建的每个图层绘制图形，并转换为图形元件，如图 11-21 所示。

（21）为"云彩 1"创建自上而下移动进入工作区的动画，时间范围为 237～242 帧。

为"云彩 2"创建自上而下移动进入工作区的动画，时间范围为 242～247 帧。

为"太阳"创建自下而上入移动进入工作区的动画，时间范围为 230～237 帧。为"太阳"创建放大至覆盖整个工作区的动画，时间范围为 596～609 帧。

为"树1"创建自下而上移动进入工作区的动画，时间范围为 250～253 帧。

为"树2"创建自下而上移动进入工作区的动画，时间范围为 256～259 帧。

为"树3"创建自下而上移动进入工作区的动画，时间范围为 263～268 帧。

为"树4"创建自下而上移动进入工作区的动画，时间范围为 271～275 帧。

为"树5"创建自右向左移动进入工作区的动画，时间范围为 278～283 帧。

为"自行车"创建自左向右移动进入工作区并出画面的动画，时间范围为 288～382 帧，然后继续创建"自行车"自右向左移动进入工作区，并停留在工作区中央的动画，时间范围为 514～596 帧。

为"女人"创建自左向右移动进入工作区的动画，时间范围为 502～505 帧。

为"男人"创建自左向右移动进入工作区的动画，时间范围为 507～510 帧。

为"汽车"创建自右向左移动进入工作区并出画面的动画，时间范围 389～497 帧。

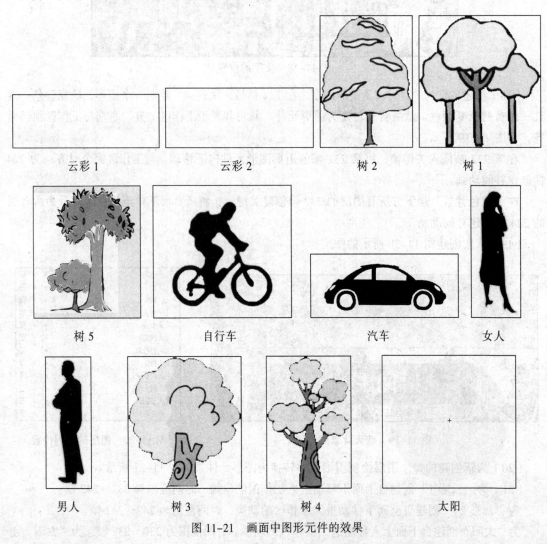

图 11-21　画面中图形元件的效果

各层的前后顺序如图 11-22 所示。

图 11-22 蓝天背景的图形位置安排

第 2 步：完成动画

（22）新建名称为"链接"的图层，在第 614 帧插入关键帧，输入文字"www.LIFE.com"，转换为按钮元件，如图 11-23 所示。在第 622 帧插入关键帧，将第 614 帧图形元件的透明度设置为 0，使其不可见，为第 614 帧创建补间动画。

图 11-23 链接文字

（23）单击 "www.LIFE.com" 按钮，为其添加链接动作。

```
on (release) {
getURL("www.sohu.com");
}
```

（24）新建名称为"遮罩"的图层，绘制一个 700px×150px 大小的矩形，将本层设置为"遮罩层"，将所有的图层拖放到该层的下方，如图 11-24 所示。

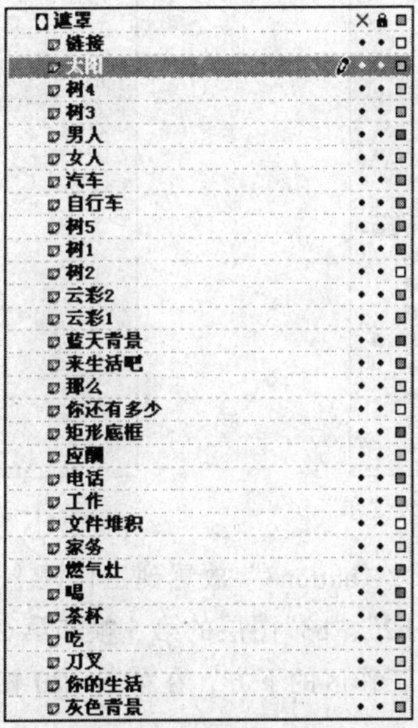

图 11-24 所有的图层及顺序安排

（25）可以选择所有图层的第 700 帧为其插入帧，完成动画的制作，也可以根据自己的想法为其加入背景音乐。

11.2 网页导航菜单实例

【操作实例 2】网页导航菜单的制作。

操作过程：

第 1 步：创建菜单中的按钮

（1）新建文档，大小为 199px×322px，背景色为浅蓝色，其他采用默认值。

（2）选择"矩形工具"绘制 3 个按钮元件，分别命名为"button1"、"button2"、"button3"，在按钮上输入文字，此按钮作为一级菜单按钮，如图 11-25 所示。

图 11-25 创建菜单按钮

（3）新建按钮元件，命名为"sub"，比"button1"按钮略小，并在上面输入文字，此按钮作为二级菜单按钮，如图 11-26 所示。

第 2 步：创建弹出式菜单的影片剪辑

（4）新建名称为"main"的影片剪辑元件，作为主影片剪辑。

（5）新建 3 个图层，名称为"b1"、"b2"、"b3"，分别将按钮元件"button1"、"button2"、"button3"拖放到对应的图层，3 个按钮元件在工作区按顺序排列，如图 11-27 所示。

（6）新建名称为"s1"的图层，将按钮元件"sub"拖放到当前图层，复制 5 个，均匀对齐，放置在工作区上方中间位置，如图 11-28 所示。

图 11-26 创建二级菜单

图 11-27 按钮的图层

（7）将"button1"、"button2"、"button3"放置到工作区上方的中间位置，以刚好覆盖住 5 个"sub"按钮元件为准。在"b1"、"b2"、"b3"图层的第 5 帧和第 20 帧插入关键帧，移动"button1"、"button2"、"button3"3 个按钮到工作区的下方，在第 5～20 帧之间创建补间动画，如图 11-29 所示。

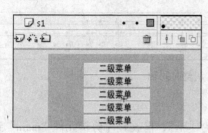

图 11-28 二级菜单的放置   图 11-29 创建菜单的动画

（8）选择"b1"、"b2"、"b3"图层的第 15 帧，插入关键帧。然后向左拖动刚刚插入的关键帧到第 8 帧的位置。在"b1"、"b2"、"b3"图层的第 15 帧再次插入关键帧，同样向左拖动到第 12 帧位置。这样，当按钮向下移动时会有一个缓冲的效果，使菜单的动画效果更精彩，如图 11-30 所示。

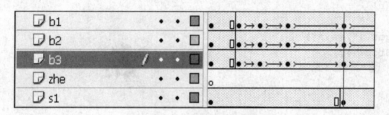

图 11-30 菜单动画的完成

（9）复制"b1"、"b2"、"b3"图层的第 5～20 帧，在第 21 帧处进行粘贴。保持刚刚粘贴的帧处于被选择状态，右击并在弹出的快捷菜单中选择"翻转帧"命令，将帧的播放顺序翻转，如图 11-31 所示。

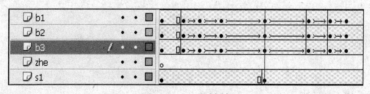

图 11-31 翻转帧

（10）为了保持 3 个按钮下落和上浮的对称性，选择"b1"、"b2"、"b3"图层的第 21 帧，将关键帧清除，然后将帧删除。

（11）复制"b2"、"b3"图层的第 5～35 帧，在"b2"、"b3"图层的第 40 帧处粘贴，复制"b3"图层的第 5～35 帧，在"b3"图层第 75 帧处粘贴。

（12）新建名称为"zhe"的图层，选择"矩形工具"绘制一个矩形，删除其轮廓，填充背景为浅蓝色。

（13）在"zhe"层的第 40、43、47、55、63、67、70、75、78、82、90、98、102、105 帧处插入关键帧，并且调整关键帧的位置，让矩形的上边缘在每一个关键帧与"button3"按钮的下边缘保持对齐。

（14）在"s1"图层插入关键帧，调整5个按钮的位置，使其与"b1"、"b2"、"b3"3个按钮滑动时所露出的空隙相匹配，如图11-32所示。

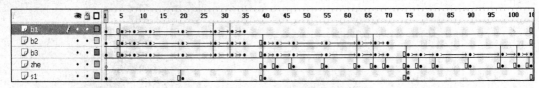

图 11-32　调整时间轴

第3步：设置菜单的动画效果

（15）回到主场景工作区，将当前图层命名为"mv"，拖放影片剪辑元件"main"到工作区中，调整好位置，并在"属性"对话框中指定影片剪辑元件的实例名为"main"。

（16）新建影片名称为"action"的剪辑元件，并且在第1、2、10、11、20、21、30、31帧处插入关键帧，然后为这些关键帧添加动作代码。

第1帧：

```
stop();
```

第2帧：

```
tellTarget ("/main") {
gotoAndStop(1);
}
stop();
```

第10帧：

```
stop();
```

第11帧：

```
tellTarget ("/main") {
gotoAndPlay(5);
}
stop();
```

第20帧：

```
stop();
```

第21帧：

```
tellTarget ("/main") {
gotoAndPlay(40);
}
stop();
```

第30帧：

```
stop();
```

第31帧：

```
tellTarget ("/main") {
gotoAndPlay(75);
}
stop();
```

（17）在"main"影片剪辑元件的时间轴上新建名称为"action"的图层。

（18）在"action"图层第 1 帧和第 20 帧插入关键帧，为两个关键帧添加同样的动作。

```
stop();
```

（19）在"action"图层第 35 帧插入关键帧，为其添加动作。

```
tellTarget ("/action") {
play();
}
stop();
```

（20）在"action"图层第 55 帧插入关键帧，为其添加动作。

```
stop();
```

（21）在"action"图层第 70 帧插入关键帧，为其添加动作。

```
tellTarget ("/action") {
play();
}
stop();
```

（22）在"action"图层第 90 帧插入关键帧，为其添加动作。

```
stop();
```

（23）在"action"图层第 105 帧插入关键帧，为其添加动作。

```
tellTarget ("/action") {
play();
}
stop();
```

（24）将播放头调到第 1 帧，单击选择"button1"按钮，为其添加动作。

```
on (release) {
gotoAndPlay(5);
}
```

（25）单击选择"button2"按钮，为其添加动作。

```
on (release) {
gotoAndPlay(40);
}
```

（26）单击选择"button3"按钮，为其添加动作。

```
on (release) {
gotoAndPlay(75);
}
```

（27）将播放头调整到第 20 帧，单击选择"button1"按钮，为其添加动作。

```
on (release) {
play();
tellTarget ("/action") {
gotoAndStop(1);
}
}
```

（28）单击选择"button2"按钮，为其添加动作。

```
on (release) {
play();
tellTarget ("/action") {
```

```
gotoAndStop(20);
}
}
```

（29）单击选择"button3"按钮，为其添加动作。

```
on (release) {
play();
tellTarget ("/action") {
gotoAndStop(30);
}
}
```

（30）将播放头调整到第 40 帧，单击选择"button3"按钮，为其添加动作。

```
on (release) {
gotoAndPlay(75);
}
```

（31）将播放头调整到第 55 帧，单击选择"button1"按钮，为其添加动作。

```
on (release) {
play();
tellTarget ("/action") {
gotoAndStop(10);
}
}
```

（32）单击选择"button2"按钮，为其添加动作。

```
on (release) {
play();
tellTarget ("/action") {
gotoAndStop(1);
}
}
```

（33）单击选择"button3"按钮，为其添加动作。

```
on (release) {
play();
tellTarget ("/action") {
gotoAndStop(30);
}
}
```

（34）将播放头调整到第 90 帧，单击选择"button1"按钮，为其添加动作。

```
on (release) {
play();
tellTarget ("/action") {
gotoAndStop(10);
}
}
```

（35）单击选择"button2"按钮，为其添加动作。

```
on (release) {
play();
tellTarget ("/action") {
```

```
gotoAndStop(20);
}
}
```

（36）单击选择"button3"按钮，为其添加动作。

```
on (release) {
play();
tellTarget ("/action") {
gotoAndStop(1);
}
}
```

（37）在主场景时间轴新建名称为"ac"的图层，将影片剪辑元件拖放到本层的任意位置。按【Ctrl+Enter】组合键测试动画。

11.3 星空动画实例

【操作实例 3】创建星空动画。

操作过程：

第 1 步：准备素材

（1）新建 Flash 文档，设置文档大小为 400px×400px，背景色为深蓝色，如图 11-33 所示。

（2）绘制图 11-34 所示的图形。

图 11-33 "文档属性"对话框

图 11-34 绘制星光形状

（3）在图形上右击，在弹出的快捷菜单中选择"转换为元件"命令，将图形转换为影片剪辑元件，名称为"star"。

（4）双击"star"元件，转换到影片剪辑的工作区。在工作区的图形中右击图形，将图形转换为图形元件，名称为"star1"。

第 2 步：完成动画

（5）创建"star1"的图形动画，效果为从第 1~15 帧"star1"图形元件逐步变宽变长，并一直持续到第 40 帧，然后"star1"图形元件变窄变短，时间轴如图 11-35 所示。

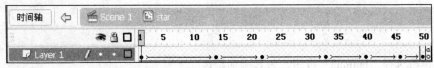

图 11-35   星光动画的时间轴

（6）在第 51 帧处插入关键帧，添加如下动作代码：

```
stop();
```

（7）回到主场景，单击工作区中的"star"影片剪辑元件，指定其实例名为"star"。

（8）修改图层名称为"star"，在第 2 帧插入普通帧。

（9）新建名称为"action"的图层，在第 2 帧插入关键帧，添加如下代码：

```
if (n>1000) {
n = 0;
}
// 设置停止的条件，满足条件初始化的变量
n = n+1;
// 变量 n 加 1
duplicateMovieClip("star", "star" add n, n);
// 复制影片剪辑元件 star 然后重新命名，放置在 n 层
setProperty("star" add n, _rotation, random(360));
// 设置复制后的影片剪辑元件的旋转属性，在 360°内任意旋转
setProperty("star" add n, _alpha, Number(random(50))+50);
// 设置复制后的影片剪辑元件的透明度在 50~100 之内任意变化
n = n+1;
duplicateMovieClip("star", "star" add n, n);
setProperty("star" add n, _rotation, random(360));
setProperty("star" add n, _alpha, Number(random(50))+50);
n = n+1;
duplicateMovieClip("star", "star" add n, n);
setProperty("star" add n, _rotation, random(360));
setProperty("star" add n, _alpha, Number(random(50))+50);
n = n+1;
duplicateMovieClip("star", "star" add n, n);
setProperty("star" add n, _rotation, random(360));
setProperty("star" add n, _alpha, Number(random(50))+50);
//以上几行代码复制前面的代码，以得到更加随机和无序的效果
```

（10）测试动画，可以看到在星群中穿梭的动画效果。

11.4   水珠滴落动画实例

【操作实例 4】水珠滴落的动画实例。

操作过程：

第 1 步：创建滴落的水珠

（1）新建文档，所有属性均采用采用默认值。

（2）将在其他绘图软件绘制的水珠的图像导入到当前的舞台中，如图 11-36 所示。

（3）将当前导入的水珠图形其转换为"图形元件"，名称为"shui"。

（4）新建一个"影片剪辑元件"，将"shui"拖入当前影片剪辑元件的舞台区域，并为其创建动画——水珠从无到有，抖动几下，掉落下去，如图11-37所示。

图11-36 水滴的形状　　　　图11-37 水珠的运动轨迹

第2步：创建透明按钮

（5）在影片剪辑的时间轴上新建图层2，然后新建一个"按钮元件"，名称为"touming"。在"点击"帧插入关键帧（见图11-38），并使用"矩形工具"在舞台区域绘制一个矩形，矩形的颜色随意选择一个单色即可。

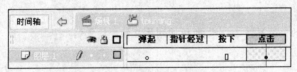

图11-38 创建一个按钮元件

（6）在影片剪辑的时间轴上新建图层3，在第15帧，也就是水珠被放到最大的那一帧插入一个空白关键帧。选择该帧，在"属性"面板将该帧的"帧标签"改为"Action"，在"动作"面板，为该帧加入一句代码。

```
stop();
```

（7）在第16帧插入关键帧，将该帧的"帧标签"改为"goon"。为该帧加入如下代码：

```
starttime = getTimer()+5000+radomtime;
//获取整个动画已播放的时间，以毫秒为单位
```

（8）选择"touming"按钮元件，为其添加如下代码：

```
on (release, rollOver) {
gotoAndPlay("goon");
}
```

（9）完成的影片剪辑元件时间轴如图11-39所示。

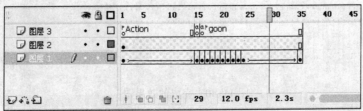

图11-39 影片剪辑元件的时间轴

第 3 步：添加动作，完成最后的动画

（10）将刚才完成的影片剪辑元件"水珠"拖放到舞台上。在"属性"面板将其实例名改为"di"。

（11）在主时间轴图层 1 中为第 1 帧加入如下代码：

```
i = 1;
```

（12）为第 2 帧加入如下代码：

```
radomscale = (random(2)+1)*26;
//控制复制后水珠的大小
duplicateMovieClip("di", "di"+i, i);
//复制舞台上 di 实例，将新复制出的对象命名为"di"+i，深度为 i
setProperty("di"+i, _x, random(550));
setProperty("di"+i, _y, random(400));
//设置新复制出来对象的 x、y 坐标，利用随机函数
setProperty("di"+i, _xscale, radomscale);
setProperty("di"+i, _yscale, radomscale);
//利用刚才设置 radomscale 变量的值来对复制出来对象的比例大小进行控制，x、y 比例相同
i++;
```

（13）为第 3 帧加入如下代码：

```
if (i<=30) {
gotoAndPlay(2);
//如果复制出对象的个数不够 30 个，则返回到第 2 帧继续复制
} else {
stop()
//如果复制的个数够 30 个则停止复制
}
```

（14）也可以为动画加入一张合适的背景图像，完成最终的动画，效果如图 11-40 所示。

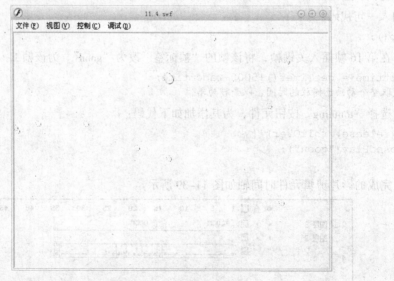

图 11-40　完成的效果图

小结与提高

- 通过 11.1 节网页广告动画实例的学习，可以认识到，一些动画效果并不需要特别复杂的操作和代码，只要能掌握对帧和画面的控制方法和技巧，简单的命令也能够做出效果绚丽的动画。

- 在 11.2 节的网页导航菜单实例中，学习了如何制作一组弹出式菜单，只要在每个菜单的按钮上添加网址，便能够运用到网页中。

  事实上，11.2 节的实例还有许多能够完善的地方。例如，可以在制作菜单按钮时，为按钮文字制作文字特效，或者为按钮制作变色的背景，也可以为按钮添加音效，从而使导航按钮在实际应用中更有动感。同样，还可以更改菜单的滑动弹出方式为其他弹出方式。无论怎样更改，原理是相同的，都是通过动作代码来交互控制帧的跳转和播放。其实，只要能够灵活的运用按钮、影片剪辑，不需要复杂的动作代码也能够做出惊人的效果。

- 11.3 节的星空动画实例中，运用了较为复杂的代码，这些代码的具体知识请参见第 8 章。

- 11.4 节是一个水珠滴落的动画实例，这样的效果经常会被用作动画的背景。动画的制作过程并不复杂，但可以举一反三地应用于其他动画效果的制作。本例中所有的源代码都是以前章节中曾经介绍过的。只要细心揣摩，应能够运用自如，并在此基础上进一步拓展这些代码的实用范围，提高动画制作水平。

思考和练习

上机操作题

1. 运用本书的知识，进一步完善和提高 11.2 节实例——网页导航菜单。
2. 制作一个宣传 Flash 的动画广告。

参 考 文 献

[1] 杨格，曾双明，王洁，等. Flash 经典案例完美表现 200 例[M]. 北京：清华大学出版社，2008.

[2] 伍福军，张珈瑞，张祝强，等. Flash 8.0 动画设计案例教程[M]. 北京：北京大学出版社，2007.

[3] 孔烨，黄炳强，高元文. Flash 8 中文版从入门到精通[M]. 北京：人民邮电出版社，2006.

[4] 刘鹰. 中文 Flash 8 标准教程：金版[M]. 西安：西北工业大学音像电子出版社，2007.

[5] 高进龙. 中文 Flash 8 操作教程[M]. 西安：西北工业大学出版社，2006.

[6] 神龙工作室. 新编 Flash 8 中文版入门与提高[M]. 北京：人民邮电出版社，2006.

[7] 王环. 新编中文 Flash 8 实用教程[M]. 西安：西北工业大学出版社，2006.

[8] 东正科技组. Flash 动画设计技能实训[M]. 北京：人民邮电出版社，2006.

[9] 肖思中，裴穗华. Flash 商业广告设计[M]. 北京：中国铁道出版社，2006.

笔记栏

Learn
more
about it !

笔记栏